KADETT

Roland Löwisch

KULT
KLASSIKER DER 70ER & 80ER JAHRE
AUTOS

Impressum

HEEL Verlag GmbH
Gut Pottscheidt
53639 Königswinter
Telefon 02223 9230-0
Telefax 02223 923013
info@heel-verlag.de
www.heel-verlag.de

2. Auflage 2024

Verantwortlich für den Inhalt: Roland Löwisch

Lektorat: Jürgen Schlegelmilch

Satz und Gestaltung: A. Mertens, HEEL Verlag

Bildmaterial: Archiv Autor, Archiv HEEL Verlag, Archive der Hersteller

Titelfoto: © Ford AG

Printed in Czech Republic

ISBN 978-3-95843-692-3

Roland Löwisch

KULT AUTOS

KLASSIKER DER 70ER & 80ER JAHRE

HEEL

M-JM 1330

INHALT

FORD
CAP

VORWORT

Die Aussicht, ein Buch über „kultige" Autos der 70er und 80er Jahre schreiben zu können, erweckte zunächst Begeisterung – die allerdings alsbald in Ratlosigkeit umschlug. Das Problem: Jeder hält etwas anderes für Kult – erst recht bei Autos –, und das hat sehr viel mit persönlichen Erfahrungen, Erlebnissen und Erinnerungen zu tun.

Was ist überhaupt „Kult"? Der Fremdwörterduden hilft nicht weiter: „1. an feste Vollzugsformengebundene Religionsausübung einer Gemeinschaft. 2. a) übertriebene Verehrung für eine bestimmte Person; b) übertriebene Sorgfalt für einen Gegenstand." Wikipedia bietet unter anderem an: „Der Ausdruck Kult bezeichnet in der Umgangssprache anerkennend eine Qualität, die Kulturphänomene (von Fernsehserien über Rockbands, Autoren, Solisten, Aufführungen bis hin zu Markenartikeln oder Zeiträumen) in einem speziellen Anhängerkreis gewinnen können ..."

Ja, mit dem Auto als Kulturphänomen kann ich leben – mit übertriebener Verehrung nicht. Die Automodelle, die wir in diesem Buch präsentieren, haben sich ihre Beachtung komplett selbst verdient. Die einen vielleicht eher durch spezielles Design, die anderen durch richtungsweisende Technik, weitere durch eine unglaubliche Entstehungsgeschichte, ein paar durch gigantische Stückzahlen, manche durch politische oder soziale Koinzidenzen und einige durch Skurrilität oder unglaubliche Fehlerhaftigkeit, über die wir heute schmunzeln können. Also durchaus „übermäßig", aber nie in einem negativen Sinne.

So haben wir uns für mehr als 200 überaus bemerkenswerte Modelle aus den 1970er und 1980er Jahren entschieden. Einige habe ich selber besessen, viele bin ich gefahren, alle haben mich fasziniert und tun es heute noch – deshalb mögen Sie meine teilweise sehr persönliche Sichtweise und manche höchst eindringlichen Erlebnisse mit bestimmten Modellen entschuldigen. Aber vielleicht verstehen Sie ja auch, was ich meine – weil es Ihnen bei den Gedanken an diese automobilen Ikonen, Denkmäler, Phänomene ebenso geht wie mir.

Allerdings werden Sie auch das eine oder andere Modell schmerzlich vermissen. Vielleicht die Produkte kleiner Nischenhersteller in Form etwa einer obskuren britischen Klitschen, deren Besitzer, Konstrukteur und Designer mit enormem Elan, aber auch mit erschreckend kleinem Budget ultraschräge Vehikel auf die Räder stellte, die allein deshalb Kult sind, weil sie überhaupt existiert haben. Aber auch da ist es wie so oft im Leben: Irgendwo muss man leider einen Schnitt machen.

Jetzt aber viel Spaß mit dem „Kultur-Gut" Auto – das bei uns zum Kult-Gut wird ...

Hamburg, im Frühjahr 2018
Roland Löwisch

Die 1970er Jahre

AUFBRUCH IN DIE MODERNE

Weder der Muff von 1000 Jahren unter den Talaren noch die Spießigkeit und die Konsumfreude der Nachweltkriegs-Aufbaugeneration waren vergessen, als 1970 ein neues Jahrzehnt anbrach. Die 68er-Bewegung hatte Vorarbeit zu neuem Denken geleistet, was nicht jeder goutierte. Immerhin wusste jedes Kind inzwischen, dass man Kommunarden nicht essen kann, und lernte schnell, dass die am 14. Mai 1970 gegründete „Rote Armee Fraktion" keine sowjetische Abordnung im Deutschen Bundestag war. Sie sollte – gestartet bereits 1968 mit Brandstiftungen in Kaufhäusern – in der Bundesrepublik trotzdem für mehr als ein Jahrzehnt das politische und gesellschaftliche Leben in blutigen Kapiteln mitbestimmen. Die 70er waren eine wilde Mixtur aus Einbruch, Aufbruch und Ausbruch von und nach 20 Jahren Aufbau.

Zu Beginn des Jahrzehnts bewunderten viele von uns einen Willy Brandt, der spontan in die Knie ging vor dem Ehrenmal für die Toten des Warschauer Ghettos; den ersten Linienflug eines Jumbo-Jets; den ersten „Tatort" mit dem Titel „Taxi nach Leipzig". Man freute sich mit Brasilien als verdientem Fußballweltmeister, man weinte um Rock-Idol Jimi Hendrix, der als einer von diversen jungen begabten wilden Musikern viel zu früh und an Drogenmissbrauch starb.

Zu dieser Zeit besaß erst jeder vierte Deutsche ein Auto, und Neuwagen mussten ab 1974 mit Sicherheitsgurten vorne ausgestattet werden. In Europa galten erste Abgasemissionsgrenzwerte, während in Amerika „Blue Flame" als erstes Landfahrzeug schneller als 1000 km/h raste.

Auch 1971 lebte es sich noch recht unbelastet. In der DDR folgte Honecker auf Ulbricht, und die älteren Musikfans trauerten um Louis Armstrong, die jüngeren um Janis Joplin. Dazu passte die Rockballade „Stairway to Heaven" von Led Zeppelin bestens, und „Imagine" von John Lennon eröffnete Visionen, die sich leider nicht bewahrheiten sollten.

In Deutschland waren bereits 13 Millionen Personenwagen unterwegs, und neun von zehn Deutschen wuschen ihr Auto meistens sonnabends vor der Haustür, was noch erlaubt war. Der ADAC erfand die „Silberne Zitrone" für das Auto mit den meisten Pannen- und Herstellungsfehlern, und es traf den Ford Taunus 1600 XL. Aber es gab auch gute Nachrichten aus der Industrie: Daimler-Benz meldete den Airbag zum Patent an, Bosch entwickelte das Halogenlicht, und Mini baute in diesem Rekordjahr mehr als 318.000 Stück des mobilen Raumwunders. Wer Benzin im Blut hatte, starrte mit offenem Mund auf die Kinoleinwand und ließ sich vom bislang authentischsten Rennfahrerfilm aller Zeiten gefangen nehmen: „Le Mans" von und mit der coolsten Socke auf diesem Planeten, Steve McQueen.

Ganz und gar nicht cool waren die RAF-Anschläge im Jahr 1972: Es traf RAF-Ermittler, den Springer-Verlag, Polizei und US-Truppen. Die RAF-Gründer Andreas Baader, Holger Meins und Jan-Carl Raspe wurden geschnappt – der Terror aber ging weiter, etwa als arabische Terroristen das olympische Dorf in München überfielen und israelische Sportler töteten. Willy Brandt überstand das erste Misstrauensvotum der Bundesrepublik, in Stade wurde das erste Atomkraftwerk in Deutschland gebaut.

Musikalisch spaltete sich die Gesellschaft – die einen waren begeistert von der schwedischen Popgruppe ABBA, die sich in diesem Jahr formierte – sie sollte die 70er populärmusikalisch dominieren. Die anderen frönten der Rockmusik – der Gitarrenriff von Ritchie Blackmore (Deep Purple) in „Smoke on the water" wird noch heute in Musikläden gespielt, wenn es gilt, eine E-Gitarre zu testen. Leiser war es an der Auto-Front. Am 17. Februar baute VW in der Sonderfarbe „Metallic Marathon-blau" den 15.007.034ten Käfer – und überholte damit in Sachen Stückzahl Fords Modell T. Auf Landstraßen wurde maximal Tempo 100 erlaubt, die Frontscheiben von Neuwagen mussten nun aus Sicherheitsverbundglas bestehen. Insgesamt 13 europäische Länder schrieben inzwischen die Gurtpflicht vor. Und ein ganz kleines Auto wurde still und leise erfunden, das erst später einen echten Siegeszug unternahm: das Bobby-Car von Ernst A. Bettag.

1973 diskutierte ganz Deutschland über zwei Film-Ereignisse: den Trend zu abstrusen Nackedei-Filmen wie „Liebesgrüße aus der Lederhose" und die ersten Folgen der Sesamstraße, die das Kinderfernsehen revolutionierten. Auch über die erste Trikotwerbung beim Profifußball erregte sich die Republik – es handelte sich um einen Kräuterlikör-Hirschkopf bei Eintracht Braunschweig. Allerdings ist nicht bekannt, ob deshalb die neu eingeführten Notrufnummern 110 und 112 bemüht wurden.

Unterdessen war die Watergate-Affäre in vollem Gange. Noch tiefer erschütterte nur die „erste Ölkrise" die Welt: Am 17. Oktober beschlossen die Rohölproduzenten unter den arabischen Staaten, die Produktion um fünf Prozent zu drosseln, damit sich Israel aus den besetzten arabischen Gebieten zurückziehe. Israel-Unterstützer sollten kein Öl mehr bekommen – vorher erhielt die Bundesrepublik 75 Prozent ihres Öls aus Arabien.

Die Regierung reagierte mit vier Sonntagsfahr-

verboten, ansonsten durfte auf Landstraßen höchstens 80 km/h, auf Autobahnen nur 100 km/h gefahren werden. Kostete leichtes Heizöl Ende 1972 noch zwölf Pfennige der Liter, waren Ende 1973 bereits 70 Pfennige fällig. Vorbei war der Traum von nie versiegender Energie, was sogar die US-Amerikaner begriffen – die Ölkrise läutete das Ende der Muscle-Car-Ära ein. Die Trauer darüber in Alkohol zu ertränken, war allerdings auch keine Lösung – zumal in Deutschland die Promillegrenze von 1,3 auf 0,8 herabgesetzt wurde.

Ein Jahr später musste Willy Brandt nach der Guillaume-Affäre zurücktreten, Helmut Schmidt wurde Bundeskanzler. Eine blutrünstige „Exorzismus"-Welle schwappte in die Kinos, aber Thema waren im Sommer `74 nur noch die deutschen Nationalkicker, die die Weltmeisterschaft nach Hause holten. In Deutschland boomte der Autobau – der erste Golf entstand, der Porsche turbo etablierte die Aufladung im Seriensportwagen, und am 13. Juli kündete ein Urlaubsreise-Rekordstau von 40 Kilometern an, was die Zukunft bringen sollte, während aus dem Autoradio „Wir fahr'n, fahr'n, fahr'n auf der Autobahn" von Kraftwerk dudelte und ein neues Musikgenre schuf.

Mit einem lachenden und einem weinenden Auge registrierten die Deutschen Neuerungen wie den elektronischen Verkehrs-Pieps „ARI" und die Einführung der Verkehrssünderkartei samt Punktesystem in Flensburg. Wegen der Nachwehen der Ölkrise fiel die Rallye Monte Carlo aus, Chrysler schloss wegen großer Absatzprobleme einen vollen Monat die Werkstore, und die British Leyland Motor Corporation musste mit Banken über einen 150-Millionen-Pfund-Kredit verhandeln.

1975 steht für den dramatischen Niedergang der britischen Automobilindustrie: Der britische Staat übernahm 99,8 Prozent von BLMC und formte British Leyland Ltd daraus. Die Firma machte trotzdem einen Verlust von 124 Millionen Pfund (das wurde nur noch 1978/1979 überboten mit 145 Millionen Pfund).

Die deutsche Öffentlichkeit dagegen erregte sich über die Absenkung des Führerscheinalters von 21 auf 18 Jahre, über das generelle Verbot von Spikes und die neuen inländischen Taxiregeln: Droschken mussten plötzlich in RAL 1015 (hellelfenbein) lackiert sein und ihre Chauffeure durften nicht mehr mit den Fahrgästen sprechen. Das betraf 46.000 Taxen in Deutschland, wovon 70 Prozent Mercedes und zwei Drittel mit Dieselmotoren ausgestattet waren. Aber auch die Entführung des Berliner CDU-Spitzenmannes Peter Lorenz, die Reformierung des Abtreibungsparagraphen 218 und der Überfall auf das Büro der OPEC bewegten die Deutschen.

Dass 1976 ein deutscher Arbeiter den Lohn von 22 Wochen für einen normalen Neuwagen ausgeben musste, rechneten die wenigsten selber aus. Erst 54 Prozent aller Deutschen besaßen zu diesem Zeitpunkt überhaupt einen Führerschein. Und in Sachen Produktivität war der Deutsche auch nicht wirklich vorn: Ein US-Arbeiter baute statistisch 26,1 Autos pro Jahr, der deutsche Durchschnittskollege nur 7,9. Der streikerfahrene Brite lag mit 5,5 Autos hinten.

Die neu eingeführte und (noch straflose) Anschnall- und Helmpflicht nützte Niki Lauda nichts, der auf dem Nürburgring seinen grauenhaften Feuerunfall knapp überlebte – die Nordschleife blieb danach für Formel-1-Rennen tabu. Und die DDR für Wolf Biermann und Nina Hagen, die ausgebürgert wurden. Bei so viel Action bekamen die meisten Deutschen gar nicht mit, dass erst jetzt der Montag als erster Tag der Woche festgelegt wurde.

1977 geriet zum absolut schwarzen Jahr dieses Jahrzehnts. Das lag nicht daran, dass die Menschen durch die Umstellung von den geliebten PS auf die ungeliebten kW irritiert wurden, VW einen Vertrag über die Lieferung von zehntausend Golf an die DDR unterschrieb, Belgien endlich auch die Führerscheinpflicht einführte oder französische Arbeiter die geheime Bugatti-Sammlung der Schlumpf-Brüder, ihrer pleite gegangenen Arbeitgeber, stürmten. Nein, es lag an den zahlreichen Schreckensnachrichten: Dresdner-Bank-Chef Jürgen Ponto, Arbeitgeberpräsident Hanns Martin Schleyer und Generalbundesanwalt Siegfried Buback wurden von der RAF ermordet, die Lufthansa-Maschine Landshut entführt. Auf Teneriffa stießen zwei Jumbos am Boden zusammen – 583 Tote. Die RAF-Gründer Baader, Ensslin und Raspe begingen Selbstmord, Elvis Presley und Charlie Chaplin segneten das Zeitliche.

Für einige war es ein Lichtblick, dass Günther Wallraff bei *Bild* gearbeitet hatte und dann in seinem Buch „Der Aufmacher" Einblicke in die Redaktionsarbeit gab. Trotz aller gesellschaftlichen Probleme schmetterte Queen „We are the champions" und schuf damit die Hymne aller Sieger – von denen es in diesem Jahr allerdings nicht so viele gab. Vielleicht gerade noch die Bee Gees mit „Stayin' Alive" als Megahit der Disco-Szene, die auch noch die Reste des unsäglichen Phillysounds aushalten musste.

1978 war dann ein Trauerjahr für Käfer-Fans: Am 19. Januar wurde der letzte aus inländischer Herstellung in Emden gebaut. Warum damals immer noch sehr viele Leute ein praktisch 40 Jahre altes Automodell fahren wollten, begründeten Psychologen und Soziologen so: Es sei ein Indiz für die Furcht vor technischen Neuheiten und für das kritiklose Vertrauen zu althergebrachten Formen. Dabei gab es reichlich Auswahl: Weltweit wurden 31,6 Millionen Autos gebaut – Rekord.

Die Meldung über die Einführung der Richtgeschwindigkeit (Tempo 130 auf Autobahnen) ging unter in Katastrophennachrichten aus aller Welt – etwa die Ölpest nach der Havarie des Tankers Amoco Cadiz vor der Bretagne, der Massenselbstmord der Anhänger von Sektenführer Jim Jones im Dschungel von Guyana und die Tankwagenexplosion auf dem katalanischen Zeltplatz Los Alfaques mit 180 Toten und 600 Verletzten.

Zum Ende des Jahrzehnts stieg in Folge der so genannten zweiten Ölkrise zwar der Benzinpreis auf mehr als eine Mark pro Liter, aber Panik wie erst wenige Jahre zuvor löste das nicht mehr aus. Der Nato-Doppelbeschluss – Abrüstungsgespräche bei gleichzeitiger Aufrüstung – bewegte die Gemüter mehr, ebenso die Holocaust-Serie im Fernsehen, der schwere Störfall im AKW Harrisburg, die Inthronisierung der „Eisernen Lady" Maggie Thatcher als britische Premierministerin und die Flucht zweier Familien aus der DDR mit der veralteten Technik eines Heißluftballons.

In die Autos zogen die ersten Mikroprozessoren ein, etwa in der Bosch-Motronic. AC/DC schmetterte dazu „Highway to Hell". Punk-Musik schwappte über den Ärmelkanal zu uns und wurde zur Jugendbewegung. Das dazugehörige „No-Future"-Lebensgefühl steckte allerdings nicht alle Bevölkerungsschichten an – zum Glück.

ALFA ROMEO GIULIA NUOVA

Nicht oft gelang es einem Autobauer, mit einem nur überarbeiteten Entwurf erneut perfekt die Wünsche und Ansprüche der Kunden zu treffen. Alfa Romeo schaffte das Kunststück mit der Giulia Nuova – ein Auto ganz im Zeitgeist der 70er Jahre: italienisches Design traf auf Reiselimousine traf auf Sportlichkeit traf auf Alltagstauglichkeit. Alfa Romeo hatte der Kundschaft gut zugehört: Die Grundform von 1962 kam Käufern und Publikum mittlerweile arg kantig und zu emotionslos vor. Der Feinschliff wirkte und bescherte Alfa noch einmal gute Absatzzahlen für den Bestseller. Es gab bis zu 112 PS starke Vierzylinder, was die leichte Sportlimousine mit Alfa-typischer Sportlichkeit dankte. Die Pedale waren jetzt hängend montiert, die Kupplung hydraulisch. 1976 bestückte Alfa den familienfreundlichen Beau sogar mit einem Dieselmotor – der allerdings kam nicht so gut an.

ALFA ROMEO GIULIA NUOVA	
Bauzeit:	1962 – 1978
Motor:	Vierzylinder
Hubraum:	1290 cm³, 1570 cm³
Leistung:	50 – 112 PS
Antrieb:	Hinterräder
Gewicht:	960 – 1060 kg
Vmax:	155 – 175 km/h

ALFA ROMEO SPIDER 1600 JUNIOR

Wie gut, dass sich Alfa Romeo trotz aller Kritik am ersten Spider (1966 bis 1970) nicht entmutigen ließ, einen Nachfolger zu bauen. Der Ur-Spider, „Duetto" genannt und von Pininfarina designt, kam mit seinem runden und abfallenden – also „verweichlichten" – Heck nicht gut an bei den europäischen Kunden. Die Amerikaner allerdings fanden ihn schick, namentlich seit dem prominenten Auftritt im Kino-Erfolg „Die Reifeprüfung".

In der zweiten Auflage des Spiders entschieden sich die Italiener für ein Fastback, auch „Coda Tronca" genannt. Pininfarina formte das Hinterteil neu und sorgte so endlich für das richtige Renommee. Ausgerüstet mit den für Alfa typischen Doppelnockenwellenmotoren spendierten die Italiener eine Leistung bis zu 131 PS (im Foto der Spider 1600 Junior, zwischen 1972 und 1977 angesiedelt zwischen 1300 Junior und 2000 Veloce). Rund 56.000 Stück wurden verkauft.

Der Nachfolger übrigens, die dritte Generation von 1982 bis 1990, kam nicht ansatzweise an die Beliebtheit des Fastbacks heran: Die aufgrund einer dicken schwarzen Heckspoilerkante „Gummilippe" genannte Version wurde die unbeliebteste – auch wegen vorn angebauter Aerodynamikteile, fehlender Plexiglaskappen über den Scheinwerfern und den aufgrund von US-Vorgaben abgeschnürten und schwächeren Motoren.

ALFA ROMEO SPIDER 1600 JUNIOR	
Motor:	Vierzylinder
Hubraum:	1300 – 1902 cm^3
Leistung:	87 – 131 PS
Antrieb:	Hinterräder
Gewicht:	990 – 1040 kg
V_{max}:	170 – 195 km/h

ALFA ROMEO MONTREAL

Dass Design nicht alles ist, musste Alfa Romeo mit dem Sportcoupé Montreal erfahren. Zwar hatte sich Bertone-Chefdesigner Marcello Gandini alle Mühe gegeben, und der Prototyp kam bei der Präsentation zur Weltausstellung in Montreal 1967 auch bestens an. Wunderbar die rassige Coupé-Form, toll die Lamellen über den Scheinwerfern, die wie heruntergezogene Augenbrauen den „bösen Blick“ simulierten, klasse die Lüftungsöffnungen hinter den Türen, die auf einen Mittelmotor hinwiesen.

Auf dem Genfer Salon 1970 beeindruckte der Montreal mit 200 PS starkem V8. Wow. Aber statt (wie zunächst geplant) den Motor vor der Hinterachse einzubauen, verschraubten die Ingenieure den Antrieb unter die Fronthaube – zu profan für einen echten Sportler, der 1972 in Deutschland satte 35.125 Mark kostete. Auch das Fahrwerk aus der Giulia samt hinterer Starrachse fand nicht viele Freunde. Die Folge: Das Auto verkaufte sich schlecht. Dabei arbeitete im Wagen ein fast reinrassiger Rennmotor: Das V8-Aggregat war eine späte Version jenes Rennmotors, der den legendäre Tipo 33 antrieb, mit dem Alfa Romeo in der Markenweltmeisterschaft gegen Porsche & Co antrat. Mit diversen Maßnahmen konnten die Ingenieure diesem Kult-Triebwerk eine erstaunliche Alltagstauglichkeit verleihen. Gezielte Eingriffe machten ihn zum alltagstauglichen Straßenantrieb. Leider wurden nur knapp 4000 Montreal gebaut.

ALFA ROMEO MONTREAL	
Bauzeit:	1970 – 1977
Motor:	V8
Hubraum:	2593 cm³
Leistung:	200 PS
Antrieb:	Hinterräder
Gewicht:	1270 kg
V_{max}:	220 km/h

ALFA ROMEO ALFASUD

In den 70er Jahren entstand ein Segment, das es vorher so eigentlich nicht gab: die Kompakten – irgendwo platziert zwischen Kleinwagen und Mittelklasse, oft mit einer undefinierbaren schräg abfallenden Heckform und mit Frontantrieb. Ein typisches Exemplar kam 1972 aus Italien: der Alfasud von Alfa Romeo, Alfas erster Fronttriebler. Der erfahrene Alfa-Ingenieur Rudolf Hruska durfte nicht nur das neue Auto entwickeln, sondern auch gleich das Werk dazu, in dem er gebaut werden sollte. Es entstand im strukturschwachen Mezzogiorno, dem Süden des Landes, an ehemaliger Baustätte von Renault Dauphine und R4 und erhielt den Namen „Alfa Süd".

Damit war der Name des Autos vorgegeben. Das kam gleich mit den wunderbaren Alfa-typischen zwei obenliegenden Nockenwellen, die in einem 1,2 Liter großen wassergekühlten Boxer-Vierzylinder steckten. Der Motor war so erfolgreich, dass er als einzige Variante während der gesamten elfjährigen Bauzeit des Alfasud angeboten wurde. Auch sonst zeigte sich der Wagen up to date etwa mit Scheibenbremsen vorne und an McPherson-Federbeinen aufgehängten Vorderrädern. Ein Alphatier im Segment der Kompakten wurde der Alfasud dann aber doch nicht. Das lag wohl vorrangig an seiner Affinität für die braune Pest. So sollen große Ladungen Karosserieblech draußen vor dem Werk schon vor der Verarbeitung nahezu zu Bröseln zerfallen sein, weil sich wegen Streiks (insgesamt 700 in 13 Produktionsjahren!) niemand darum kümmerte.

ALFA ROMEO ALFASUD	
Bauzeit:	1972 – 1983
Motor:	Vierzylinder-Boxer
Hubraum:	1186 – 1490 cm³
Leistung:	63 – 105 PS
Antrieb:	Vorderräder
Gewicht:	830 – 915 kg
V_{max}:	160 – 185 km/h

ALPINA B7 TURBO

Die Firma Alpina von Burkhard Bovensiepen wurde zwar erst 1983 in den Adelsstand der Hersteller gehoben, aber Modelle wie der B7 Turbo haben sie dazu gemacht. Die Powerlimousine (zuerst als 530 Turbo vorgestellt und auf Basis des Fünfer-BMW aufgebaut) stand 1978 auf der IAA und wurde Ende des Jahres das erste komplett von Alpina gebaute Modell.

Zum schnellsten Viertürer der Welt machte ihn der von Entwicklungsleiter und Technik-Genie Fritz Indra optimierte Dreiliter-Reihensechszylinder von BMW: Der Ingenieur sorgte unter anderem für eine Pierburg-Einspritzung, eine prozessorgesteuerte Zündung und ein neues Ansaugsystem. Schließlich bestückte er den Sechser mit einem KKK-Turbolader. Den Ladedruck zwischen 0,55 und 0,85 bar konnte der Fahrer per „Dampfrad" beeinflussen, wodurch die Leistung zwischen 250 und maximal 300 PS betrug – verdammt viel für eine Straßenlimousine Ende der 70er Jahre.

Für fast 60.000 Mark erhielt der Kunde zusätzlich ein Fünfganggetriebe, größere Bremsen und Räder sowie ein Sportfahrwerk. Noch heute gehört Alpina zu den besten BMW-Veredlern: Auf der IAA 2017 machte die Firma mit dem D5 S Allrad, der schnellsten Diesellimousine der Welt mit 286 km/h Spitze, Furore.

ALPINA B7	
Bauzeit:	1978 – 1982
Motor:	Reihensechszylinder-Turbo
Hubraum:	2986 cm³
Leistung:	300 PS
Antrieb:	Hinterräder
Gewicht:	1485 kg
V_{max}:	250 km/h

ALPINE A110

Man muss einfach mal neben einer Alpine A110 stehen – erst dann kann man genug Ehrfurcht für die Menschen empfinden, die so ein Auto bewegen. Denn Pilot und Beifahrer müssen erstmal so eine nur 1130 Millimeter flache Höhle des „französischen Porsche" entern, wie das von Marcel Hubert gestylte Auto besonders wegen der Heckmotoranordnung noch heute genannt wird.

Das Modell mit Plastikkarosserie – erdacht von Alpine-Firmengründer Jean Rédélé, einem einstigen Renault-Händler – wurde 1963 unter Mithilfe von Renault zum ersten Mal gebaut, denn die Welt gierte nach Sportwagen. 1972 übernahm Renault die Kapitalmehrheit an der Firma und machte sie zu ihrer Motorsportabteilung „Renault Sport".

Der je nach Motorisierung 48 PS bis 140 PS starke A110 war schon damals ein Exot im Sportcoupé-Geschäft. Sein radikales Design überzeugte trotz vieler sportlicher Erfolge mit dem 1300er-Vierzylinder (Sieg der Rallye Monte Carlo 1971 und 1973, zusätzlich Gewinn der Rallye-Weltmeisterschaft 1973) nicht allzu viele Sportwagenfreunde, vorrangig wegen des durchaus tückischen Fahrverhaltens. Das Sportcoupé wurde deshalb insgesamt nur rund 7000 Mal gebaut. Heute aber ist es der Knaller bei jeder Oldtimer-Rallye – auf und auch immer wieder mal neben der Piste.

ALPINE A110	
Bauzeit:	1963 – 1976
Motor:	Vierzylinder
Hubraum:	956 – 1565 cm^3
Leistung:	48 PS – 140 PS
Antrieb:	Hinterräder
Gewicht:	710 – 750 kg
V_{max}:	160 – 215 km/h

ALPINE A310

Alpine wurde schnell klar, dass ihr kleiner A110 kein Auto für jedermann war. Und so bauten sie mit dem Alpine A310 eher einen Gran Turismo als einen scharfen Nachfolger des A110. Das Design brach schon deutlich mit den runden Formen der 60er Jahre, Kanten waren in den 70ern angesagt. Die Karosserie bestand wieder aus Kunststoff, das Platzangebot war jetzt im Vergleich zum A110 fast luxuriös.

Als Antrieb entschieden sich die Ingenieure – oder die Marketing- und Vertriebsexperten? – für den Motor aus dem Renault 16 TS, immerhin bearbeitet und daher 127 PS stark. Diese Wahl aber hielt viele potentiellen Kunden vom Kauf ab – eine nur so ein bisschen sportliche Alpine war nicht in ihrem Sinne. So setzte Alpine nur 2300 Exemplare mit dem langweiligen Motor ab.

Immerhin erhörten die Franzosen die Rufe und bauten ab 1977 den 150 PS starken 2,7-Liter-V6 aus dem Renault 30 ein. Jetzt waren plötzlich 235 km/h Spitze möglich. Und weil inzwischen Renault im Hause Alpine das Sagen hatte, zogen nun sogar Korrosionsschutz und Zuverlässigkeit ins Auto ein. Der Dank waren rund 11.000 verkaufte A310 V6.

ALPINA A310	
Bauzeit:	1971 – 1985
Motor:	Vierzylinder, V6
Hubraum:	1605 – 2667 cm³
Leistung:	127 – 150 PS
Antrieb:	Hinterräder
Gewicht:	840 – 1040 kg
V_{max}:	205 – 235 km/h

AMC 75
Pacer

AMC 75
PACER X

AMC PACER

Der „erste große Kleinwagen der Welt", wie AMC den Pacer bewarb, kam im Grunde mit Geburtszange auf die Welt. Er sollte zunächst von einem GM-Wankelmotor angetrieben werden, die durstige Konstruktion verlor in den Folgen der Ölkrise aber gegen einen konventionellen V6 (später gab es allerdings auch einen V8 unter der Motorhaube).

Zunächst verkaufte sich das Auto bestens, im ersten vollen Produktionsjahr 117.244 Mal. Damit war er AMCs Bestseller. Der Hype aber legte sich schnell. Ende der 70er Jahre waren rund elf Liter Verbrauch auch für einen US-Kleinwagen nicht mehr zeitgemäß. Der Bau wurde nach gut 280.000 Exemplaren – inklusiv zahlreicher Sondermodelle wie dem Pacer X (Bild unten links) – vorzeitig eingestellt; keine nennenswerte Stückzahl für die erfolgsverwöhnten Amis.

Heute ist der AMC Pacer mit seinen riesigen Glasflächen, den je 80 kg schweren Türen und dem „egg-shape"-Design („rollendes Aquarium", „Football auf Rädern", „großer Frosch") ein echt kultiger Exot. Und das nicht nur aufgrund einer tragenden Rolle in dem albernen Streifen „Waynes World".

AMC PACER	
Bauzeit:	1975 – 1980
Motor:	Reihensechszylinder, V8
Hubraum:	4235 – 4981 cm^3
Leistung:	97 – 132 PS
Antrieb:	Hinterräder
Gewicht:	1400 – 1500 kg
V_{max}:	140 – 170 km/h

ASTON MARTIN DBS	
Bauzeit:	1967 – 1972
Motor:	Reihensechszylinder, V8
Hubraum:	3995 – 5340 cm³
Leistung:	286 PS, 340 PS
Antrieb:	Hinterräder
Gewicht:	1725 – 1860 kg
V_{max}:	240 – 270 km/h

ASTON MARTIN DBS

Aston Martin baute nach dem Zweiten Weltkrieg absolute Traumsportwagen – wunderschön, stark, teuer. Traktorenhersteller David Brown schaffte es, nach dem Kauf der Firma über eine Anzeige (!) im Jahr 1947 die englische Edelschmiede am Leben zu erhalten. Jedoch kostete sie immer mehr Geld, als sie erlöste, und als der Umsatz seines Treckerbusiness einbrach, musste er Aston Martin verkaufen.

Das letzte Modell der David-Brown-Ära, der DBS, bescherte seinem Initialengeber einen traurigen Abschied, auch wenn sich das Design von den Rundungen der Vorgänger DB4, DB5 und DB6 durchaus gelungen verabschiedet hatte. Zuerst gab es den DBS nur mit dem inzwischen überholten Vierliter-Reihensechszylinder aus dem DB6, später baute Ingenieur Tadek Marek immerhin einen neuen V8 ein. Trotzdem galt das Auto schnell als technisch anfällig und war letztlich mit 405 gebauten Exemplaren kein Bringer.

In Deutschland allerdings wurde der DBS dank TV zum Kult: In der Vorabendserie „The Persuaders“ (deutscher Titel: „Die 2“) jagten die Stars Roger Moore alias Lord Brett Sinclair und Tony Curtis alias Danny Wilde Gangster. Während Curtis im Ferrari Dino 246 herumkurvte, lenkte der britische Lebemann einen DBS. Die Briten fanden die Serie nicht so klasse, in Deutschland war sie dank einer extrem schnodderigen Synchronisation besonders bei der Jugend schnell Kult: „Die Birne runter, eine Benzinkalösche kömmt.“

ASTON MARTIN LAGONDA	
Bauzeit:	1976 – 1991
Motor:	V8
Hubraum:	5340 cm³
Leistung:	304 PS
Antrieb:	Hinterräder
Gewicht:	1996 kg
Vmax:	230 km/h

ASTON MARTIN LAGONDA

Just, als niemand Aston Martin aufgrund von stetem Engpass auf dem Habenkonto ein neues Modell zutraute, überraschte die kleine Firma aus Newport Pagnell die Sportwagenwelt mit einem Modell, das konsequenter als alle anderen Autos vorher die serienmäßige Keilform propagierte. Der knapp 5,3 Meter lange Aston Martin Lagonda schien wie von einem Roboter aus einem Stück Metall geschnitten worden zu sein, er steht noch heute perfekt prototypisch für das Keildesign der 70er Jahre.

Der riesige, absolut luxuriöse und zwei Tonnen schwere viertürige Grandtourer buhlte um Einlass auf die Kiesauffahrten und in die beheizten Garagen der oberen Zehntausend. Er besaß die Aufhängung des V8, garniert mit einer selbstständigen Niveauregulierung der hinteren Dämpfer und mit Chryslers Torqueflite-Automatik zur Regulierung der gedrosselten 280 PS aus dem typischen Aston-Martin-V8 (später 300 PS), um den Abstand zu den reinen Sport-Aston zu wahren.

Den gelebten Futurismus jedoch bekam Aston Martin beim Lagonda erst spät in den Griff – besonders die Elektronik und ganz besonders das anfällige Digital-Cockpit (bestückt mit 46 Schaltern) erwies sich als steter Quell der Unzufriedenheit. Das Platzangebot innen litt unter dem extrem niedrig gezogenen Dach. Das Lagonda-Experiment endete trotz aller Probleme erst 1991.

AUDI 50	
Bauzeit:	1974 – 1978
Motor:	Vierzylinder
Hubraum:	1093 – 1272 cm³
Leistung:	50 – 60 PS
Antrieb:	Vorderräder
Gewicht:	685 – 720 kg
Vmax:	142 – 152 km/h

AUDI 50

Sich bei Audi für ein Kultmodell der 70er Jahre entscheiden zu müssen, ist gar nicht so einfach – aber eigentlich kann es nur der Audi 50 sein. So klein und unscheinbar dieses Modell auch ist, es markiert gemeinsam mit Audi 80 und Audi 100 den wichtigen Schritt für den Wandel der Marke mit den vier Ringen vom leicht spießigen Limousinenhersteller zur innovativen Lifestylemarke.

Der Audi 50 zeigte den Kunden, dass selbst Kleinwagen nicht grundsätzlich mit Verzicht gleichzusetzen waren – auch wenn die Ölkrise seinen Erfolg unterstützte. Selbst junge Interessenten fanden es plötzlich cool (auch wenn der Begriff damals noch nicht so exzessiv benutzt wurde wie heute), im ersten deutschen Kleinwagen mit Schrägheck, Frontmotor und Frontantrieb zu fahren. Die Entwicklung vom ersten Entwurf bis zum Serienfahrzeug dauerte nur rekordverdächtige 21 Monate.

Konzernmutter VW erkannte das Potenzial des Audi 50 schon vor dem ersten fahrbaren Exemplar und präsentierte bereits ein halbes Jahr nach dessen öffentlichem Auftritt den praktisch baugleichen VW Polo. Gut 180.000 Audi 50 wurden verkauft, bevor ihm Marketingstrategen das Benzin abdrehten. Übrigens: Auch der Nachfolger des Audi 50, der erst 1994 gezeigte A2, ist heute Kult – zwar nicht wegen großen Erfolges, aber weil es sich um das erste serienmäßige Aluminiumauto handelte. Das aber war seiner Zeit nun wirklich zu weit voraus.

AUDI 100 AVANT L 5E	
Bauzeit:	1976 – 1982
Motor:	Vier- und Fünfzylinder
Hubraum:	1588 – 2144 cm³
Leistung:	85 – 136 PS
Antrieb:	Vorderräder
Gewicht:	110 – 1210 kg
Vmax:	160 – 190 km/h

AUDI 100 AVANT L 5E

Die zweite 100er-Baureihe von Audi mit dem Werkscode C43 kam im August 1976 und schaffte es, auch bei den großen Limousinen das immer noch vorhandene Image von „Biedermanns liebstem Auto" abzulegen. Der Innenarchitekt Paolo Nestler sorgte für Farben innen und außen, die ein „optisch-ästhetisches Wohlbefinden" auslösen sollten. Die Karosserie war nun strömungsgünstiger geformt.

Dank neuer – von Ferdinand Piëch konstruierter – Fünfzylinder-Einspritzmotoren nahm die Kundschaft das Angebot gerne an. Die ungewöhnliche Anzahl der Töpfe sollte die Laufruhe eines Sechszylinders mit der Sparsamkeit eines Vierzylinders vereinen. 1978 brachte Audi die Avant-Version: eine Schrägheck-Variante mit großer Heckklappe, teilweise als Ersatz für das weggefallene Coupé gedacht und mit vier Türen ausgestattet.

Eine der Top-Versionen war der Audi 100 Avant L 5E (Foto). Es soll das erste Auto sein, das einen integrierten Skisack besaß. Für das Aussehen war Chefdesigner Hartmut Warkuß verantwortlich, der sich beim Exterieur für die so genannte „Toronado-Linie" entschied mit unterteilter Flanke, um den Schwerpunkt optisch zu senken.

AUTOBIANCHI A112	
Bauzeit:	1969 – 1986
Motor:	Vierzylinder
Hubraum:	903 – 982 cm³
Leistung:	44 – 70 PS
Antrieb:	Vorderräder
Gewicht:	598 – 805 kg
Vmax:	140 – 160 km/h

AUTOBIANCHI A112

Nicht nur in der Moderne werden erfolgreiche Fahrzeugkonzepte und -designs kopiert – ein Beispiel aus den 70er Jahren ist der Autobianchi A112. Klar, was hier Pate stand: Der Austin Mini hatte allerdings schon zehn Jahre früher debütiert. Die Italiener modernisierten das Konzept für ihre Bedürfnisse und statteten es mit eigenen sparsamen Quermotoren und vor allem einer großen Heckklappe aus.

Das Fahrwerk bot vier einzeln aufgehängte Räder, hinten dämpfte aber noch eine quer liegende Zweiblattfeder die Stöße. Ganz einfach ließ sich der Zwerg aufgrund seines kurzen Radstandes nicht fahren: Besitzer berichteten oft von plötzlichem Übersteuern in schnell gefahrenen Kurven. Wie Cooper bei Mini sorgte Abarth bei Autobianchi für eine Power-Version, die immerhin mit 70 PS und einer schwarz lackierten Motorhaube aufwartete.

Das Modell passte bestens in die schmalen Gassen italienischer Städte, weswegen die Polizia Municipale solche Abarth-Zwerge als Einsatzfahrzeuge nutzte. Insgesamt sieben Serien entstanden von 1969 bis 1986, ab 1977 wurde das Auto außerhalb Italiens als Lancia A112 verkauft. Insgesamt 1,25 Millionen Exemplare entstanden.

BITTER CD

Manche Menschen werden allein deshalb zur Ikone, weil sie etwas versuchen, was andere sich nicht trauen. Auch wenn sie scheitern – wie der Unternehmer Erich Bitter, der sich 1971 entschloss, Autohersteller zu werden. Die Idee war gar nicht schlecht: Er suchte sich mit Opel eine Marke, die keine eigenen Luxusautos baute, und fertigte auf Basis des Opel-Topmodells „Diplomat" luxuriöse Sport-Limousinen. Opel ließ Bitter gewähren und erlaubte sogar den Vertrieb der Bitter CD, gebaut bei der Karosseriefirma Baur in Stuttgart, bei seinen Händlern.

Bitter übernahm den 230-PS-Chevrolet-Motor und möbelte den Innenraum der Diplomaten mit Holz und Leder auf. Das fanden Kunden wie Fußball-Ass Paul Breitner klasse und kauften so einen Bitter CD für damals unfassbar teure 60.000 Mark. Immerhin 395 Exemplare brachte Erich Bitter an den Mann. Das sowie die Geldspritzen diverser Konfidenten ermöglichten es dem engagierten Unternehmer, noch ein Modell in den 80er Jahren nachzuschieben. Bis das Kapitel Bitter vorerst endete.

BITTER CD	
Bauzeit:	1973 – 1979
Motor:	V8
Hubraum:	5354 cm^3
Leistung:	230 PS
Antrieb:	Hinterräder
Gewicht:	1750 kg
V_{max}:	210 km/h

BMW 3.0 CSL

BMW verwöhnte schon vor dem Zweiten Weltkrieg die Fans mit hinreißenden Coupés – diese Tradition wollten die Bayern fortführen. In den 60er Jahren knüpften sie mit dem 3200 CS an alte Zeiten an – das Auto geriet für die meisten Kunden jedoch viel zu teuer. Das erste erfolgreiche Coupé in Sachen Stückzahlen war somit der 2000 CS, der von 1965 bis 1970 gebaut wurde. Der Knaller aber kam 1973 als Top-Mo-

BMW 3.0 CLS	
Bauzeit:	1973 – 1975
Motor:	Reihensechszylinder
Hubraum:	3153 cm³
Leistung:	206 PS
Antrieb:	Hinterräder
Gewicht:	1250 kg
V_{max}:	220 km/h

dell der CS-Baureihe (hauptsächlich 3.0 CSi) auf die Straße und hieß BMW 3.0 CSL.

Zeitzeugen waren geplättet vom Flügelwerk des Straßenrenners – alleine die Tatsache, dass der Heckflügel nicht straßenzugelassen war und deshalb von BMW verschämt im Kofferraum versteckt mitgeliefert wurde, hinterließ diesen wunderbaren Ruch der Halblegalität und machte das Auto schnell zum Kult. Die schärfste Variante bekam 206 PS dank eines 3,2 Liter großen Reihensechszylinders, was das 1250 kg leichte Auto mit einem Sprint von 0 bis 100 km/h in nur 7,1 Sekunden und einem Top-Tempo von 220 km/h dankte. Das „L“ in der Bezeichnung stand übrigens für „Leichtbau“, was die Ingenieure etwa mit dem Einsatz von Aluminium für Türen und Hauben verwirklichten.

BMW 2002 TURBO

Es war wohl das noch heute bestehende bayerische Selbstbewusstsein, das BMW dazu bewog, 1973 – genau zu Beginn der ersten Energiekrise – ein Auto zu bringen, das sowohl alle inneren Werte zum Verblasen der arrivierten Konkurrenz mitbrachte als auch die Optik, jedem seriösen Limousinenfahrer einen gehörigen Schrecken einzujagen. Mit dem 2002 turbo machten sich die Bayerischen Motoren-Werke nicht nur sofort zum Kumpel jedes automobilen Halbstarken, sondern auch zum Feindbild des Establishments.

Die Kombination eines fidelen Zweiliter-Vierzylinders mit einem Turbolader und die daraus resultierende Kraft von 170 PS, die beim 2002 turbo wiederum für 211 km/h und einen Sprint von weniger als sieben Sekunden sorgte, rief diverse SPD-Abgeordnete auf den Plan, die im Bundestag ernsthaft nachfragten, was man gegen solche „Auswüchse" tun könne.

Sogar der Spiegel fühlte sich berufen, sich einzumischen und monierte die „Kriegsbemalung": Die BMW-Designer hatten zuerst den „turbo"-Schriftzug spiegelverkehrt auf den Frontspoiler gemalt, damit auch jeder Linke-Spur-Langweiler auf der Autobahn im Rückspiegel erkannte, was da hinter ihm die Lichthupe quälte (was BMW noch vor Serienanlauf zum Leidwesen vieler Andersdenkender änderte). Leider war es das richtige Auto zur falschen Zeit – nach nur 1672 Stück starb der so herrlich unvernünftige 2002 turbo einen schnellen Tod.

BMW 2002 TURBO	
Bauzeit:	1973 – 1975
Motor:	Vierzylinder-Turbo
Hubraum:	1990 cm^3
Leistung:	170 PS
Antrieb:	Hinterräder
Gewicht:	1035 kg
V_{max}:	211 km/h

BMW 3ER REIHE E21

Einen Riesenschritt in die richtige Richtung machte BMW Mitte der 70er Jahre mit dem Nachfolger der „Linie der Vernunft“. Die zweitürige „Dreier-Reihe“ war zunächst nur mit Vierzylindermotoren als 318 und 320 zu haben, ab 1977 gab es sie auch mit sechs Töpfen. Gerade diese Motoren wurden von den Kunden geschätzt wegen der hohen Leistung, der Drehfreudigkeit und der ausgezeichneten Laufkultur.

Trotzdem meinten die Tester, dass weniger Sportlichkeit als vielmehr passive Sicherheit und Komfort – etwas, was bei der 02er-Serie stets vermisst worden war – im Vordergrund der Entwicklung gestanden hätten. Sie lobten die mühelose und fast spielerische Bedienung des Autos, höchstens die starke Seitenneigung in Kurven war ihnen nicht ganz geheuer. Den Verbrauch des 320er hielten sie für absolut okay: „Selbst bei vollem Leistungseinsatz steigt er selten über 15 Liter auf 100 Kilometer an.“

BMW 3ER REIHE E21	
Bauzeit:	1975 – 1983
Motor:	Vier- und Sechszylinder, Reihe
Hubraum:	1563 – 2315 cm³
Leistung:	75 – 143 PS
Antrieb:	Hinterräder
Gewicht:	1010 – 1180 kg
V_{max}:	160 – 195 km/h

Fazit: Ein Traumauto – allerdings auch, weil viele die Preise nicht mehr bezahlen konnten. Der 320 mit 109 PS kostete 15.330 Mark. Noch wesentlich teurer waren allerdings die Dreier der Karosseriefirma Baur: Sie baute einige tausend Hardtop-Cabrios. Insgesamt wurden rund 1,36 Millionen „Dreier“ der ersten Generation verkauft.

BMW 635 CSI

Der Mensch vergisst schnell, was er vergessen will – zum Beispiel die Energiekrise. Nur drei Jahre nach den ersten Sonntagsfahrverboten lechzte die sportliche BMW-Kundschaft nach einem viersitzigen Coupé. Die Bayern lieferten es in Form des 635 CSi. Karmann baute etwa zehn Karosserien pro Tag, drei verschiedene Sechszylinder waren zu haben.

Den Einstieg markierte der 630 CS mit drei Litern Hubraum, Doppelvergaser und 185 PS. Preis: 40.600 Euro. Dafür gab es aber auch eine reichhaltige Ausstattung wie elektrische Zentralverriegelung, elektrische Fensterheber, längsverstellbares Lenkrad, Wärmeschutzglas und Sicherheitslenksäule. Besonderheit war die „Hydrolenkung" – eine Servolenkung, die sich bei niedrigen Drehzahlen ein- und bei hohen ausschaltete. Neu war auch das Check-Control-Board, dessen Computer Warnmeldungen aller Art an den erschrockenen Fahrer kommunizierte. Die Top-Speed betrug 211 km/h.

Nach drei Jahren folgte der 628 CS, der zwar mit einem Einspritzmotor glänzte, aber etwas schwächer und langsamer war. Wer sich dafür nicht erwärmen ließ, konnte zum 633 CSi mit 200 PS greifen. Top-Modell war aber der M 635 CSi (siehe Foto) mit 3,5-Liter-Reihensechszylinder und 286 PS. Gegenüber den anderen Sechsern besaß er ein handgeschaltetes Fünfganggetriebe, breite Felgen und Recaro-Sitze, zusätzlich Gummi-Frontspoiler, Gummilippe auf dem Kofferraumdeckel und seitliche Zierstreifen. Der Preis war für viele allerdings zu heiß: fast 108.000 Mark. Erfolgreich war der Sechser trotzdem.

BMW 635 CSI	
Bauzeit:	1976 – 1987
Motor:	Reihensechszylinder
Hubraum:	2788 – 3453 cm³
Leistung:	185 – 286 PS
Antrieb:	Hinterräder
Gewicht:	1410 – 1515 kg
Vmax:	211 – 222 km/h

BMW M1

Dass manchmal ausgerechnet Chaos Kult generiert, beweist als gutes Beispiel der BMW M1. 1978 entwickelte die BMW Motorsport GmbH den M1 als erstes Rennauto ohne Serienbasis aus einem reinen Showcar – deswegen besaß die Konstruktion viel beachtete Flügeltüren. Geplant war, dass Lamborghini die Karosserien und die Bodengruppen liefern sollte und BMW die Technik. Die klammen Italiener mussten aber passen, als es Ernst wurde, und so bastelten Marchesi den Gitterrohrrahmen und T.I.R. die Kunststoffkarosserie. ItalDesign fügte die Teile zusammen und komplettierte sie mit dem Interieur.

Rasen sollten die Keile in der eigens aus der Taufe gehobenen ProCar-Serie – mit 470 PS und bis zu 300 km/h schnell. Um in der FIA-Gruppe 4 homologiert zu werden, mussten aber auch 400 Straßenexemplare entstehen. Die wurden je 277 PS stark – ein ungedrosseltes Exemplar wurde von einer Fachzeitschrift mit 264,7 km/h Spitze gemessen. Damit war ein BMW M1 der schnellste deutsche Straßensportwagen seiner Zeit. Und außerdem der erste gleich als „M“ konstruierte BMW. Die Bayern bauten tatsächlich alle benötigten 400 Straßen-M1 und noch einmal 50 Stück obendrauf.

BMW M1	
Bauzeit:	1978 – 1981
Motor:	Reihensechszylinder
Hubraum:	3453 cm³
Leistung:	277 PS
Antrieb:	Hinterräder
Gewicht:	1290 kg
V_{max}:	262 km/h

BRISTOL 411 BEAUFIGHTER

Eigentlich ist die Firma Bristol Kult an sich – da muss man gar kein bestimmtes Modell erwähnen. Auf BMW-Produktionsanlagen, Reparationsleistungen nach dem Zweiten Weltkrieg, werkelten Männer des britischen Flugzeugherstellers stets hinter meist ziemlich hohen Mauern und schraubten Autos zusammen – immer stark, immer skurril, immer in homöopathischen Dosen. Doch tatsächlich hatte auch Bristol ein Modell, das sich besser verkaufte – und zwar der 411 aus der ersten Hälfte der 1970er Jahre. Immerhin rund 600 Stück bauten die Briten.

Das Auto mit dem Beinamen „Beaufighter“ gab es mit einer gefälligen, aber nicht gerade auffälligen Coupé-Karosserie (siehe Foto) oder auch als Cabrioversion. Unter den Hauben steckten monströse 6,6-Liter-V8, die 340 PS auf die Hinterachse entließen. Kaufen konnte man solche Autos nur – wie auch noch Jahrzehnte später bei anderen Modellen – in einem kleinen Laden an der London Kensington High Street, wo sich Bristol-Chef Tony Crook jahrelang persönlich um seine raren Kunden kümmerte. Wessen Nase ihm nicht passte, wo die Reputation seiner Meinung nach nicht stimmte oder wer nicht nach würdigem Geld roch, durfte unverrichteter Dinge wieder abziehen. Crook war handverlesene Kundschaft stets wichtiger als Geschäftserfolg.

BRISTOL 411 BEAUFIGHTER	
Bauzeit:	1970 – 1975
Motor:	V8
Hubraum:	6556 cm^3
Leistung:	340 PS
Antrieb:	Hinterräder
Gewicht:	1500 kg
V_{max}:	225 km/h

BUICK CENTURY 3. GENERATION

Vielleicht hat sie nicht jeder bewundert – diesen coolen Glatzkopf mit Lolli im Mundwinkel und seine Kiste. Viele schon. Beide Amis schaukelten in jeder Kurve, durch die sie mussten, um das Böse zu erwischen, so wie ein Wackeldackel mit seinem Kopf. Wenn Lieutenant Theo Kojak alias Telly Savallas sich in seinen Buick Century schwang, um Gangster zu verfolgen, war für den gestressten Durchschnittsfernsehkonsumenten in den 70er Jahren der Abend gerettet. Die Dunkelmänner verschwanden nach jedem „Einsatz in Manhattan" im Knast, und erstaunlicherweise stand das Bullen-Auto in der nächsten Folge wieder schrammenlos und gewaschen bereit.

Das reichte zum Kult, denn ansonsten war die GM-Schüssel eine echte Verbrauchskiste – genau genommen ein umbenannter 72er Skylark auf dem A-Body von General Motors. Auch der Name war bereits eine olle Kamelle: Buick hatte schon zwischen 1936 und 1942 sowie zwischen 1954 und 1958 die Bezeichnung „Century" benutzt. Kojak fuhr eine Limousine – noch schöner wäre es gewesen, hätte er ein Coupé (siehe Foto) gequält. An zum Verbrauchen gedachte Alltagsautos wie den Buick Century würde sich im aktuellen Jahrhundert normalerweise niemand mehr erinnern. Kojak hat's verhindert. Danke!

BUICK CENTURY 3. GENERATION	
Bauzeit:	1973 – 1977
Motor:	V6, V8
Hubraum:	3786 – 7468 cm^3
Leistung:	110 – 167 PS
Antrieb:	Hinterräder
Gewicht:	1595 – 1976 kg
V_{max}:	150 – 180 km/h

CHECKER TAXI

Vielleicht sind Checker-Modelle neben den britischen LTI-Modellen und diversen deutschen Dieselkisten von Mercedes jene Autos, denen am meisten zugewinkt wurde. Der Checker war das US-Taxi schlechthin — zumindest in der Megacity New York und weiteren US-Großstädten. Über Jahrzehnte genossen Fahrgäste das sagenhafte Platzangebot mit bis zu acht Sitzen. Die Fahrer verließen sich auf die Robustheit, die Besitzer auf die billigen Ersatzteile: Der Grundentwurf des Klassikers stammt noch aus den 50er Jahren.

Tatsächlich kommt in wohl jedem US-Film der 60er, 70er und 80er Jahre, der Außenaufnahmen beinhaltet und im Dunstkreis von New York spielt, ein Checker Marathon vor, je nach Ausführung und Baujahr von A-9 bis A-12 (Foto). Auch als Doubles von GAZ Tschaika 13 in Filmen wie „Gorki Park" oder der TV-Serie „Mission: Impossible" traten die unverwüstlichen Autos auf. Am bekanntesten wurde das Exemplar, in dem sich Robert de Niro 1975 zum Weltstar spielte, als er als vereinsamter „Taxi Driver" Travis Bickle das Gesetz in die eigene Hand nahm, weil ihm der ganze Schmutz der Stadt zuwider war.

CHECKER TAXI	
Bauzeit:	1961 – 1982
Motor:	Reihensechszylinder, V8
Hubraum:	3707 – 5737 cm^3
Leistung:	81 – 305 PS
Antrieb:	Hinterräder
Gewicht:	1710 – 1800 kg
V_{max}:	143 – 181 km/h

CHEVROLET CORVETTE STINGRAY 3. GENERATION

Wer in den 1970er Jahren etwa in Hamburg über die Reeperbahn schlenderte, erkannte sofort, wenn ein Zuhälter in seinem Auto das Revier kontrollierte. Chevrolets Corvette der dritten Generation hieß in der Hansestadt wenig vornehm „Ludenschüssel", und kaum jemand bewunderte noch das „Cokebottle"-Design der C3, das auf dem Wespentaillen-Prototypen Mako Shark II von 1965, gezeichnet von Larry Shinoda, basierte.

Deutlich ausgestellte Kotflügel versprachen eine Menge Potenz, und ein bis zu 7,4 Liter großer V8 unter der langen Haube produzierte tatsächlich bis zu 465 PS, wenn auch nur nach SAE-Norm – was immerhin noch 443 DIN-PS bedeutete. Chevrolet stellte den Plastik-Boliden als Cabrio und als Coupé her (letzteres erhielt von 1969 bis 1976 wegen der flachen Form den Beinamen „Stingray", also „Stachelrochen"), wobei die geschlossene Version zeitweise mit zwei abnehmbaren Dachhälften angeboten wurde.

Die meisten der 150.000 Käufer waren trotz zweifelhaften Rufs des Autos in Deutschland echte Autofans, denn die Corvette galt lange Zeit als einziger Sportwagen Amerikas. Dort, im Ursprungsland, zeigte man schon immer gern, was man hatte und sich leisten konnte; dort verbanden die Auto-Enthusiasten absolut gar nichts mit schlüpfrigem Gedankengut – außer vielleicht Schlupf an der Hinterachse, was aber als enorm sportlich galt. 1971 parkte eine Vette in New York übrigens statistisch nur rund eine halbe Stunde lang im öffentlichen Raum – bis sie gestohlen wurde ...

CHEVROLET CORVETTE STINGRAY MK. III	
Bauzeit:	1967 – 1982
Motor:	V8
Hubraum:	5359 – 7440 cm³
Leistung:	185 – 465 PS
Antrieb:	Hinterräder
Gewicht:	1410 kg
V_{max}:	185 – 250 km/h

CHEVROLET CAMARO

Klingt merkwürdig, wenn man behauptet, der Chevrolet Camaro sei ein Kind des Ford Mustang, aber es ist so: Mit dem Camaro der ersten Serie 1967 versuchte Chevrolet, ebenfalls im Pony-Car-Segment mitzumischen, das der Mustang 1964 eröffnet hatte. Die zweite Generation (Foto) geriet „europäischer“, teilweise gar mit Anleihen an Ferrari-Berlinetta-Modelle.

Sie war windschnittiger als der Vorgänger und damit auch schneller, obwohl sie technisch auf der ersten Serie basierte. Bis zu 360 Brutto-SAE-PS aus einem 6,6-Liter-V8 steckten unter der Haube, aber die Energiekrise kappte schnell Kraft und Potenz. Gab es in den 1960er Jahren noch eine Cabrio-Version, begnügten sich die Chevrolet-Verantwortlichen beim Nachfolger mit einem Coupé.

Die besonders starken Modelle Z28 (mit 360 SAE-PS aus 5,7 Litern) tauchten auch in Filmen auf wie „The Gumball Rally“ („Die verrückteste Rallye der Welt“) und „The Transformers“: Bevor „Bumblebee“ dort zum brandneuen Camaro mutiert, war er doch glatt ein 76er Z28. Wie sich die Zeiten ändern ...

CHEVROLET CAMARO	
Bauzeit:	1970 – 1981
Motor:	Reihensechszylinder, V8
Hubraum:	4094 – 6590 cm³
Leistung:	100 – 300 PS
Antrieb:	Hinterräder
Gewicht:	k. A.
V_{max}:	160 – 220 km/h

CITROËN 2CV

Meine erste Ente starb den Heldentod: Ausgerechnet ein Jaguar nahm ihr die Vorfahrt. Das Ergebnis: Der Jag litt unter einer einen Meter langen Schramme am rechten vorderen Kotflügel, den 2CV mit komplett plattem Vorderbau mussten vier Feuerwehrleute vom Asphalt kratzen. Egal – ich besorgte mir danach eine zweite. Denn galt der dünnwandige Einfachst-Citroën bei seiner Geburt gleich nach dem Krieg als bezahlbares Auto für den gefahrlosen Transport von unter anderem Eiern, mutierte er spätestens in den 1970er Jahren zum automobilen Ausdruck gegen das Establishment.

Er war nach wie vor billig, zuverlässig und dank Rolldachs weit offen. Die große plane Heckklappe bot sich bestens an für gemalte politische oder sozialkritische Botschaften oder als prominenter Platz für Aufkleber aller Art, von der Pril-Blume bis zum „AKW – Nein, danke"-Sticker. Mit maximal 29 PS die Eiligen hinter sich an der Ampel zu blockieren oder durch die hochgeklappten Seitenfenster laut Musik von Herbie Hancock in die Welt der Schlager-Fuzzies zu entlassen, war Ausdruck eines wunderbar unangepassten Lebensgefühls.

Der 2CV wurde noch bis 1990 gebaut – da war er allerdings schon fast kein Anachronismus mehr, sondern der gehätschelte Fünftwagen in Form eines Sondermodells „Charleston" bei begüterten Kleinfamilien. Die meisten Enten starben übrigens den Rost-Tod – ich selbst sackte bei voller Fahrt in meiner zweiten Ente plötzlich mit der linken Fahrersitz-Schiene ab auf den blanken Asphalt …

CITROËN 2CV	
Bauzeit:	1949 – 1990
Motor:	Zweizylinder-Boxer
Hubraum:	425 – 602 cm^3
Leistung:	12,5 – 29 PS
Antrieb:	Vorderräder
Gewicht:	520 – 560 kg
V_{max}:	70 – 113 km/h

CITROËN MÉHARI

Es ist wirklich ein Jammer, dass die meisten Autofahrer auf Luxus stehen. Sonst hätte es noch mehr Autos vom Schlage eines Fiat Jolly, eines Mini Moke, des Renault Rodeo oder eben eines Citroën Méhari gegeben. Auf Basis der Dyane stand eine knappe (und leider nicht feuerfeste) Karosserie aus Kunststoff. Darunter werkelte ein schwacher Motor, damit die Insassen nicht aufgrund von zu hohem Tempo und dadurch verursachtem heftigen Fahrtwind aus den oberbaulosen Vehikeln gefegt werden konnten – fertig war das Spaßmobil.

Okay, manch ein Fahrer nutzte seinen Méhari auch als Arbeitsplattform, aber eigentlich war so ein Verzicht auf Rädern das perfekte Freizeitspielzeug. Schade, dass der deutsche TÜV keinen Spaß verstand – er ließ den Méhari bei uns nicht für die Straße zu. Wir mussten uns damit begnügen, ihn auf der Leinwand zu bewundern, etwa in „Louis' unheimliche Begegnung mit den Außerirdischen“ – aber so manchem ist heute noch nicht klar, was mit den „Außerirdischen“ gemeint war: Aliens, Louis de Funès oder der Méhari.

CITROËN MÉHARI	
Bauzeit:	1968 – 1988
Motor:	Zweizylinder-Boxer
Hubraum:	602 cm³
Leistung:	28 PS, 32 PS
Antrieb:	Vorderräder
Gewicht:	475 – 555 kg
V_{max}:	110 – 120 km/h

CITROËN DS 23

CITROËN DS 23	
Bauzeit:	1972 – 1975
Motor:	Vierzylinder
Hubraum:	2347 cm^3
Leistung:	110 – 126 PS
Antrieb:	Vorderräder
Gewicht:	1150 – 1350 kg
V_{max}:	179 – 188 km/h

Man müsste den Erfinder des Kürzels „DS“ für ein zu seiner Zeit hypermodernes Auto zum Ritter schlagen – denn das war wirklich Weitblick: Das französische Wort „Déesse“ bedeutet „Göttin“, und es wird nie wieder ein anderes Auto als den Citroën mit Geburtsjahrgang 1955 geben, das diesen Namen tragen darf. Und an keine andere Göttin erinnert man sich so gern: Die Form war futuristisch, aber nicht abgehoben. Die Technik war modern, aber zuverlässig.

Nicht viele andere Hersteller trauten sich, dem Lenkrad nur eine Speiche und den Scheinwerfern mechanisch betätigtes Kurvenlicht zu spendieren. Die hydropneumatische Federung war so speziell, dass die Werbung es sich erlauben konnte, die Fahrt mit nur drei Rädern als Vorteil verkaufen zu können. Tatsächlich entkam Staatspräsident de Gaulle am 22. August 1962 einem Attentat in einer Déesse. Terroristen feuerten 187 Kugeln auf Auto und Mensch: 14 trafen das Auto – zwei die Reifen, eine den Tankdeckel. Der Chauffeur fuhr einfach weiter: de Gaulle gerettet, Auto Legende.

Noch heute gilt der Citroën, der bis 1975 und zum Schluss als DS 23 mit Limousinen- und Kombikarosserie sowie als luxuriöse Pallas-Version gebaut wurde, als technische und stilistische Revolution. So etwas kann man schon mal anbeten.

CITROËN SM

SM steht für „Série Maserati", das ist zumindest die plausibelste Erklärung, das S aber hat auch für „Sport" gestanden. Immerhin, sportlich und luxuriös war das Ausnahme-Auto. Die Kunden mussten aber über eine gewisse Leidensfähigkeit verfügen, denn der Traumwagen erwies sich als reichlich kapriziös. Dabei besaß er eine hinreißende sportliche Form, weiterentwickelt aus der DS, Luxus im Überfluss und einen 2,7-Liter-V6 von Maserati. Der sorgte für 225 km/h Spitze und ein zunächst gutes Image.

Überhaupt stimmten die Zutaten: hydropneumatische Federung, die weltweit erste tempoabhängige Servolenkung, vier Sofasesselplätze, für die Hupe ein Knopf und wie die DS das sensationelle Einspeichenlenkrad. Was nicht passte, war das Gesamtpaket. So entstanden in fünf Jahren nur knapp 13.000 Stück. Fußballer Johan Cruyff besaß einen, Bill Wyman, Gründungsmitglied der Stones, ebenfalls. Und sogar Soft-Barde Neil Young fuhr den Franzosen. Naja, manchmal jedenfalls, denn er machte aus seinen gemischten Gefühlen dem Auto gegenüber keinen Hehl: „Der Wagen war viel zu schnell, um sicher zu sein. Ich bin froh, unversehrt entkommen zu sein." So nannte er den Franzosen „the contrarian mobile" – „das konträre Automobil".

CITROËN SM	
Bauzeit:	1970 – 1975
Motor:	V6
Hubraum:	2670 cm³
Leistung:	170 – 178 PS
Antrieb:	Vorderräder
Gewicht:	1460 – 1520 kg
Vmax:	225 km/h

DAF 44

Mit dem Design konnten Besitzer eines DAF 44 nie punkten. Zwar hatte Giovanni Michelotti sein Bestes versucht, aus dem Vorgänger, der ganz schnuckelig „Daffodil“ hieß, ein halbwegs ansehnliches Blechgebilde zu formen, aber das gelang ihm nur teilweise. Gefragt nach der Kraft, mussten Eigner achselzuckend 34 PS angeben. Aber einen Trumpf hatten sie trotzdem unter der Karosserie: die „Variomatic“. Oder anders ausgedrückt: ein CVT-Getriebe für die stufenlose Kraftübertragung per Keilriemen. Der Clou: Die Piloten konnten damit tatsächlich genauso schnell rückwärts wie vorwärts fahren. Klar, dass ein aufmerksamer Zeitungsleser, der erfuhr, dass ein Autofahrer in Österreich rückwärts mit 56 km/h in eine Radarfalle geraten war, vor einiger Zeit im „DAF Automobil Forum“ fragte: „Also Leute – wer von Euch war das?“

DAF 44	
Bauzeit:	1966 – 1975
Motor:	Zweizylinder-Boxer
Hubraum:	844 cm^3
Leistung:	34 PS
Antrieb:	Hinterräder
Gewicht:	740 kg
V_{max}:	125 km/h

DAIMLER DOUBLE SIX

Die Historie der Marke Daimler in England ist so wichtig wie kurz. Frederick Richard Simms erwarb bereits 1891 die Lizenz zur Herstellung und Verkauf des Daimler-Motors in England. Als 1893 daraus die Daimler Motor Syndicate Ltd. entstand, war das die Keimzelle des britischen Pkw- und Lkw-Baues. Nach diversen Pleiten kaufte Jaguar 1960 die Marke von BSA (Birmingham Small Arms Company) samt des gerade lancierten, sehr eigenwillig gestylten Sportwagens Daimler SP 250 – das wohl bekannteste Auto der Marke.

In den 1970er Jahren war Daimler nur noch eine Ausstattungsvariante bei Jaguar – wenn auch die im Luxusbereich. Der aufmerksame Passant konnte einen Daimler Double Six nur aufgrund eines kanellierten Kühlermaskenrahmens und ein paar Ausstattungsunterschieden von einem Jaguar XJ12 unterscheiden. Mit Sechszylinder hieß das Auto übrigens Daimler Sovereign – und war sonst genauso wie der Zwölfzylinder nur eine Variante. Und warum jetzt Kult? Weil es das Letzte ist, was wir der einst so stolzen Marke noch Gutes tun können.

DAIMLER DOUBLE SIX	
Bauzeit:	1973 – 1979
Motor:	V12
Hubraum:	5343 cm^3
Leistung:	289 PS
Antrieb:	Hinterräder
Gewicht:	1930 kg
Vmax:	230 km/h

DATSUN CHERRY

Warum nimmt man einen Sidestep der Automobilhistorie auf in ein Buch, das sich mit Kultfahrzeugen beschäftigt? Weil sich noch viele an die „Kirsche" mit dem „Lidstrich" erinnern können. Bei uns hieß der neue kleine Wagen von Nissan offiziell „Datsun 100A und 120A", im Ausland Datsun Cherry. Es war das erste Modell von Nissan mit Frontantrieb. 1972 schaltete Datsun hierzulande ganzseitige Anzeigen mit der Hauptzeile, dass Deutschland nun das „123ste Datsun-Land" sei. Die charakteristische Form der Seitenfenster ähnelte dem des menschlichen Auges, was ihm den Kosenamen einbrachte. Der kleine, sympathische Japaner kam im Laufe seines Lebens als zwei- und viertürige Limousine, als witziges Kombi-Coupé mit einer Art Fließheck und als reiner kleiner Kombi.

DATSUN CHERRY	
Bauzeit:	1970 – 1974
Motor:	Vierzylinder
Hubraum:	988 – 1171 cm³
Leistung:	45 – 52 PS
Antrieb:	Vorderräder
Gewicht:	610 – 670 kg
V_{max}:	140 – 160 km/h

DATSUN 260Z

Ein Schelm, wer einem der ersten japanischen Sportwagen auf europäischem Boden große Nähe zum Jaguar E-Type nachsagte – obwohl das Coupé Datsun 240Z (Geburtsjahr 1969, in Japan als Fairlady Z) sich mit seiner langen Motorhaube, den eingerückten Frontscheinwerfern und dem nach hinten flach abfallenden Heck durchaus Ideen bei den Engländern geholt haben kann. Dabei war ein bedeutender Geburtshelfer ein formgebender Deutscher: Graf von Goertz, der Designer des legendären BMW 507.

Es bleibt ein Rätsel, warum das Auto in Deutschland so wenig Freunde fand: Nur 303 Stück sollen hierzulande verkauft worden sein, insgesamt wurden aber mehr als 150.000 Stück gebaut. 130 PS aus einem 2,4-Liter-Reihensechszylinder reichten zunächst für 190 km/h, und Details wie heizbare Heckscheibe, Licht im Koffer- und im Motorraum, Drehzahlmesser und Verbundglasfrontscheibe hätten mehr Aufmerksamkeit verdient gehabt. Erst recht bei einem moderaten Preis von 17.600 Mark.

Sogar im Motorsport überzeugte das Modell: 1971 und 1973 gewann ein 240Z die knallharte East African Safari. Der Nachfolger 260 Z (Foto) kam 1975 auf den Markt mit um 30 Zentimeter verlängertem Radstand, was ihn zum 2+2-Sitzer machte. Etwas mehr Hubraum machte sich nicht wirklich bemerkbar, denn wegen der Kat-Pflicht musste er mit zuerst 126 und dann 129 PS auskommen. Der Preis: 24.000 Mark. Immerhin 1650 Deutsche kauften den 260Z während seiner Bauzeit. Inklusive des Nachfolgers 280Z wurden in rund 80 Jahren mehr als 500.000 Stück hergestellt.

DATSUN 260Z	
Bauzeit:	1975 – 1979
Motor:	Reihensechszylinder
Hubraum:	2547 cm^3
Leistung:	126 – 129 PS
Antrieb:	Hinterräder
Gewicht:	1150 kg
V_{max}:	195 km/h

DE TOMASO PANTERA

Die Marke De Tomaso sticht nicht nur wegen ihrer diversen Sportwagen heraus, sondern auch wegen ihrer wechselvollen Historie. Es ist kaum aufzulisten, welche Firmen mal zum De-Tomaso-Verbund gehörten, wen und wer De Tomaso alles kaufte und meist schleunigst auch wieder verkaufte. Das erfolgreichste Auto unter dem Label De Tomaso ist auch gleich das kultigste. Vom Pantera wurden unter Ford-Ägide rund 10.000 Exemplare gebaut.

Mit ihm traf die zu der Zeit italo-amerikanische Sportwagenschmiede den Nerv der harten, jungen und solventen Supercarfans. Unter dem kantigen Pantera-Design von Tom Tjaarda steckte ein 5,7-Liter-V8. Ford stieg allerdings schon 1974 aus dem Projekt aus, weil die Vignale-Pantera eine grauenvolle Qualität aufwiesen. De Tomaso dagegen bastelte sich eigene Pantera-Pressen, errichtete in Modena eine neue kleine Fabrik und brachte den Pantera auf eigene Kosten heraus. Was für eine Story für ein Supercar – das heute zweifellos zu den am meisten getunten Supersportwagen der Welt gehört.

DE TOMASO PANTERA	
Bauzeit:	1970 – 1994
Motor:	V8
Hubraum:	5796 cm³
Leistung:	240 – 330 PS
Antrieb:	Hinterräder
Gewicht:	1382 – 1600 kg
V_{max}:	235 – 270 km/h

DODGE CHALLENGER R/T

Jawohl, ich habe damals mitgefiebert. Mit Kowalski, dieser coolen Sau. Der schnappte sich einen Dodge Challenger R/T von 1970 mit fettem 7,2-Liter-V8 für die Überführung von Denver nach San Francisco und wettete auch noch, die rund 2000 Kilometer in weniger als 15 Stunden zu schaffen. Kowalski, gespielt von Barry Newman, warf sich in „Fluchtpunkt San Francisco" (Original: „Vanishing Point") Amphetamine rein, pfiff auf Tempolimits, narrte hunderte Gesetzeshüter und bekam die Sympathien von allerlei Hippies und einem durchgeknallten Radio-Moderator.

Vielleicht wurde der Challenger deswegen ein Erfolg — obwohl das Muscle Car erst zum Ende des amerikanischen PS-Wettrüstens kam und die Ölkrise schon schmierige Schatten warf. Aber bis zu 425 PS in der Road/Track-Version lockten vor allem die rebellierenden jugendlichen „Kowalskis" — insgesamt mehr als 160.000 Stück des Challenger wurden in nur vier Jahren verkauft. Dann kam das Aus.

Wie am Ende übrigens auch für Kowalski/Newman: Lächelnd zerschellte er — vermeintlich in seinem tapferen Challenger — an den massiven Schaufelblättern von Bulldozern, die die Cops als Straßensperre aufgefahren hatten. Aus Geldmangel verwendeten die Produzenten für das fatale Finale allerdings statt des damals schon wertvollen Dodge einen klapprigen Chevrolet Camaro. Einfach Kult — oder?

DODGE CHALLENGER R/T (1970)	
Bauzeit:	1970 – 1974
Motor:	Reihensechszylinder, V8
Hubraum:	3682 – 7206 cm³
Leistung:	145 – 425 PS
Antrieb:	Hinterräder
Gewicht:	1436 – 1725 kg
Vmax:	160 – 235 km/h

FERRARI 365 GTB/4 „DAYTONA"

Nach dem 250 GTO ist der 365 GTB/4 mit dem Beinamen „Daytona" der wohl begehrteste klassische Ferrari. Der „Gran Turismo Berlinetta" stand erstmals auf dem Pariser Autosalon 1968 und war sofort der teuerste Serien-Ferrari in der damals 21-jährigen Firmengeschichte. Und auch der schnellste mit unglaublichen 280 km/h Spitze. Das ermöglichten 352 PS aus einem 4,4-Liter-Zwölfzylinder, auf dem sechs Weber-Doppelfallstromvergaser thronten. Damit besaß der Ferrari genau zwei PS mehr als der bisherige Platzhirsch, der Lamborghini Miura, und schneller war er auch.

Ferrari soll offiziell übrigens nie vom „Daytona" gesprochen haben – die Bezeichnung stammte von den Schreiberlingen der Presse. Dabei war der Kosenamensgeber, die amerikanische Rennstrecke im gleichnamigen Ort, die als „Geburtsstätte der Geschwindigkeit" gilt, doch wirklich kein schlechter Pate – es klang nach echten Männern. Der Daytona war, was man einst ein richtiges Männerauto nannte: Pedalerie und Schaltung ersetzten die Mucki-Bude, und 352 PS waren fast zuviel für das Auto, mit dem wohl nur wenige das mögliche Top-Tempo ausprobierten. Trotzdem verkaufte Ferrari rund 1000 Stück, davon 122 als Cabrios. Heute dürfte es übrigens mehr offene Daytona geben als je gebaut – was nur beweist, was Kult möglich macht. Jaja, Geld spielt natürlich auch eine Rolle.

FERRARI 365 GTB/4 „DAYTONA"	
Bauzeit:	1968 – 1973
Motor:	V12
Hubraum:	4390 cm³
Leistung:	352 PS
Antrieb:	Hinterräder
Gewicht:	1200 kg
V_{max}:	280 km/h

FERRARI DINO 246 GT/GTS

Commendatore Enzo Ferrari hat eine Menge Geheimnisse mit ins Grab genommen – eines davon ist die Antwort auf die Frage, warum er dem Dino das springende Pferd als Markenzeichen verweigerte. Lag es am Motor, weil Fiat ihn baute? Konnte sich Enzo Ferrari doch nicht wirklich mit einem Sechszylinder in seinen Autos anfreunden? Der Dino 206 GT entstand bereits 1965, war der erste Ferrari mit elektronischer Zündung und wurde 1969 von Dino 246 GT und GTS abgelöst, wobei der Nachfolger sich nur in Details unterschied.

Herzstück war ein Sechszylinder, den noch Enzos kranker Sohn Dino Ferrari kurz vor seinem Tod angeregt hatte. Er wollte den V6 im Motorsport einsetzen und ihn in einen Ferrari einbauen, den sich auch nicht ganz so solvente Kunden leisten konnten. So entstand der erste V6-Mittelmotor-Ferrari, der erst im Laufe der Jahre als echter Ferrari akzeptiert wurde. Trotzdem meint noch heute jeder, der „Dino" sagt, die erste Version, die bis 1973 gebaut wurde – einen flachen, noch mit den Rundungen der Endsechziger ausgestatteten Beau.

Der 180 PS starke Dino 206 GT entstand zwar in nur homöopathischen Dosen (etwa 100 Stück), der 195 PS starke 246 GT (und als GTS mit herausnehmbaren Dachhälften) aber lief wirklich: Fast 4000 Stück wurden gebaut. Die kantigeren Nachfolger (308 GT/4 mit 255 PS und der nur 170 PS starke 208 GT/4 mit Zweiliter-V8) waren dann letztlich nicht mehr als ein verlängerter Abschied vom längst legendären Ur-Dino.

FERRARI DINO 246 GT/GTS	
Bauzeit:	1969 – 1973
Motor:	V6
Hubraum:	1987 – 2418 cm³
Leistung:	180 – 195 PS
Antrieb:	Hinterräder
Gewicht:	1080 kg
V_{max}:	230 – 240 km/h

FIAT NUOVA 500

Fragt wirklich jemand, was der Fiat 500 hier soll? Die Antwort ist einfach: Der Winzling mobilisierte das Nachkriegsurlaubs-Lieblingsland der Deutschen, wurde bis 1975 gebaut und hat heute eine große Schar Verehrer. Und: Es macht noch heute Megaspaß, damit zu fahren.

Designer Dante Giacosa lieferte mit dem Zwerg (in bester Tradition von Topolino und Cinquecento) sein Meisterstück ab – immerhin passten auf knappe drei Meter Länge vier Sitzplätze, ein Zweizylinder-Motor mit anfangs bemühten 13 PS und etwas Gepäck. In verschiedenen Ausprägungen – es gab ihn sogar als Kombi „Giardiniera" – erreichte der Nuova 500 ein Volumen von fast 3,6 Millionen Stück und gilt damit bis heute als Volkswagen Italiens.

Bei engagierter Fahrweise und magerer Beladung war der kleine, rund eine halbe Tonne leichte Freund auf kurvigen Bergstraßen tatsächlich imstande, sich nicht gleich von jeder Limousine abhängen zu lassen. Dieser so patente wie potente Minimalismus ist eigentlich nur mit dem des Morris Mini zu vergleichen.

FIAT NUOVA 500	
Bauzeit:	1957 – 1975
Motor:	Zweizylinder
Hubraum:	479 – 594 cm^3
Leistung:	13 – 22 PS
Antrieb:	Hinterräder
Gewicht:	470 – 525 kg
V_{max}:	85 – 105 km/h

FIAT 126

Ein echter Klassiker im automobilen Zwergenreich ist der Fiat 126, Nachfolger des Nuovo 500. Ihn kennen viele noch als „Bambino“, wobei unter diesem Namen (ausgesucht durch einen Ideenwettbewerb) offiziell nur die Luxussondermodelle liefen. Die Karosserie unterschied sich gewaltig von der des Vorgängers, unter dem Blech aber fanden sich weit weniger Änderungen als vermutet. Fahrgestell und Motor waren zwar modernisiert, aber immer noch deutlich verwandt mit den älteren Konstruktionen.

Der Fiat 126 war ein echter „Millionenseller“, der in großen Stückzahlen auch noch in der Fabryka Samochodow Malolitrazowych (FSM, „Fabrik für Autos mit kleinem Hubraum“) in Polen als „Polski-Fiat“ vom Band lief und zum „Trabi Polens“ wurde. Übrigens haben polnische Fans US-Schauspieler Tom Hanks Ende 2017 einen restaurierten Polski-Fiat 126P geschenkt, nachdem der Star 2016 auf Instagram ein Foto von sich mit einem parkenden 126 gepostet hatte mit dem Joke: „Ich hab' ein neues Auto.“

FIAT 126	
Bauzeit:	1972 – 1987
Motor:	Zweizylinder
Hubraum:	594 – 654 cm³
Leistung:	23 – 26 PS
Antrieb:	Hinterräder
Gewicht:	580 – 619 kg
Vmax:	105 km/h

FIAT DINO SPIDER

In den 1960er Jahren wagte sich Fiat tatsächlich in die oberste Sportwagenliga – der Fiat Dino Spider besaß einen von Ferrari entwickelten Zweiliter-Leichtmetall-V6 mit vier obenliegenden Nockenwellen und 160 PS. Damit waren theoretisch rund 200 km/h möglich, wobei die hintere Starrachse den Mut manches Fahrers gebremst haben dürfte.

Das schmucke Cabrio brachte Fiat 1966 anlässlich des 100. Geburtstages von Firmengründer Giovanni Agnelli. Ein Jahr nach dem Debüt des Spiders durfte Bertone sich eine Coupé-Karosserie dazu ausdenken. Der Name „Dino" stammt wie beim Ferrari vom V6, den Enzo Ferraris Sohn Dino angeregt hatte. Obwohl sich beide Motoren nicht unterschieden, gab Fiat immer etwas weniger Leistung an als Ferrari.

1969 überarbeitete Fiat die Technik des Dino und spendierte ihm endlich hinten einzeln aufgehängte Räder. Außerdem wurde der Hubraum auf 2,4 Liter erweitert, womit der Sportler nun offiziell 180 PS stark war. Trotz allem war der Wagen kein kommerzieller Erfolg: Insgesamt 1588 Käufer bildeten eine exklusiven Club.

FIAT DINO SPIDER	
Bauzeit:	1966 – 1972
Motor:	V6
Hubraum:	1987 – 2418 cm^3
Leistung:	160 – 180 PS
Antrieb:	Hinterräder
Gewicht:	1170 – 1400 kg
V_{max}:	200 – 210 km/h

FIAT X1/9

Der Fiat X1/9 war wohl nicht der erste kleine Mittelmotor-Seriensportwagen der Welt, aber sicher der mit der längsten und erfolgreichsten Geschichte. Er war schlicht ein geiler Keil – klein, sportlich, bezahlbar –, und die Klappscheinwerfer verliehen ihm etwas Exotisches. Der Ursprung des Mittelmotor-Coupés, das mit seinem abnehmbaren Dachteil auch ein Targa war, lag in einer Designstudie von Bertone.

Fiat erkannte die Möglichkeit, das Auto dank Baukastensystems zu realisieren – wie man das machte, hatten schon Porsche mit dem 914 und Lotus mit dem Europa gezeigt. Hauptspender war der Fiat 128. Die Insassen konnten sich auf einzeln aufgehängte Räder und Scheibenbremsen rundum verlassen. Dass unter dem ungewöhnlichen Blechkleid Serientechnik steckte, machte den Zweisitzer bezahlbar.

Mit 75 PS war er anfangs zwar nicht übermäßig schnell, aber trotzdem ordentlich motorisiert. Später konnte man das Auto mit dem 1,5-Liter-Vierzylinder aus dem Fiat Ritmo bekommen, was immerhin 85 PS bedeutete. 180.000 Käufer folgten all diesen Argumenten und hatten ihre Freude an dem Massen-Nischenprodukt.

FIAT X1/9	
Bauzeit:	1972 – 1989
Motor:	Vierzylinder
Hubraum:	1290 – 1499 cm³
Leistung:	75 – 85 PS
Antrieb:	Hinterräder
Gewicht:	880 – 980 kg
Vmax:	170 – 180 km/h

FORD TRANSIT 2. GENERATION

Der Ford Transit wurde von Anfang an in die Welt gesetzt, um am Erfolg des VW Bulli teilzuhaben. Die erste Generation ab 1953 hieß zunächst FK 1000 und sah in der Form dem VW Bus sehr ähnlich. Allerdings hatten die Kölner den Motor vorne eingebaut, was den Platz für Fahrer und Beifahrer stark einschränkte. Die zweite Generation – eine rein britische Konstruktion – geriet völlig anders: Motor vor der Passagierkabine, wesentlich größer als Vorgänger und Bulli, mit bis zu 3,25 Tonnen viel belastbarer als der Konkurrent aus Wolfsburg. Neben mindestens so vielen Karosserievarianten wie der VW Bus gab es den Transit mit verschiedenen Radständen, mit Zwillingsbereifung hinten und sogar mit 2,4-Liter-Dieselmotor. Da dieses Triebwerk länger baute als die Benziner, musste der Kühler weiter vorstehen – der Diesel-Transit bekam deshalb den Kosenamen „Schweineschnauze“. In Deutschland erreichte der Transit Mk. II zwar nicht den gleichen Kultfaktor wie der VW, in der Türkei allerdings war das anders. In den 70er und vor allem in den 1980er Jahren bevölkerte der Transit besonders den jugoslawischen Autoput (einstige 1188 Kilometer lange Transitstrecke zwischen Griechenland und Österreich) in Massen, weil er der optimale Transporter war für die umfangreichen Hausstände der damaligen Gastarbeiter.

FORD TRANSIT 2. GENERATION	
Bauzeit:	1965 - 1978
Motor:	Vierzylinder, V4
Hubraum:	1183 - 2358 cm³
Leistung:	45 - 80 PS
Antrieb:	Hinterräder
Gewicht:	k. A.
Vmax:	100 - 120 km/h

FORD TAUNUS

Fragt man einen Ford-Fan nach dem Knudsen-Taunus (interner Werkscode: TC) und was dahintersteckt, verdreht der nur die Augen – als müsse man so etwas einfach wissen. Für alle, die es nicht tun: Bengt Knudsen war Ford-Manager und beeinflusste maßgeblich das Design der Ford-Modelle der 70er Jahre – so auch die Front des Taunus der P6-Baureihe. Das Mittelklasse-Modell durfte wieder den alten Namen Taunus tragen, nachdem die Vorgänger mit Kürzeln wie „12 M" auskommen mussten.

Neu war besonders der Vierzylinder-Motor, dessen Nockenwelle von einem Zahnriemen angetrieben wurde. Allerdings waren zwei V6-Varianten im Angebot. Der Knudsen war zu haben als Limousine, Coupé und Kombi. Die markante „Nase" fiel erst zum Facelift 1976 weg, danach wirkte der Taunus straffer, aber auch langweiliger. Gleichzeitig fiel das Coupé dem Rotstift zum Opfer.

FORD TAUNUS	
Bauzeit:	1970 – 1975
Motor:	Reihenvierzylinder, V6
Hubraum:	1285 – 2274 cm³
Leistung:	55 – 108 PS
Antrieb:	Hinterräder
Gewicht:	1005 – 1140 kg
V_{max}:	135 – 173km/h

FORD ESCORT II

So wenig, wie der Escort der ersten Generation VW Golf und Opel Kadett in Sachen Stückzahlen das Wasser reichen konnte, so wenig vermochte das auch die zweite Serie zu tun. Dabei geriet sie wesentlich harmonischer, bot viel Platz und war auch noch preiswert. Ganz bescheiden stand sie jedoch im Schatten von Capri, Taunus und Granada, und gerade diese Bescheidenheit macht dieses vermeintlich uncoole Auto der 70er fast liebenswert.

Der Escort verweigerte anfangs beharrlich die große Heckklappe sowie Sicherheitsfeatures wie Verbundglas-Frontscheibe und eine Lenksäule, die beim Aufprall nachgibt. Heckantrieb, eine blattgefederte Achse hinten und ein Stoßstangenmotor waren auch noch ziemlich gestrig. Und das Kombimodell bekam nur einen gestrafften Vorderwagen, hinten glich er noch dem Vorgänger. Aber da alles wirklich ausgereift war, hatten die Besitzer nur selten Ärger mit dem Ford. Eine wirklich rattenscharfe Version gab es dann doch: Die Top-Version RS 2000 mit „Soft-Face", einer elastischen Bugschürze aus Kunststoff. Mit beeindruckenden 110 PS fuhr der Sport-Ford fast 180 km/h.

FORD ESCORT II	
Bauzeit:	1975 – 1980
Motor:	Vierzylinder
Hubraum:	1097 – 1993 cm^3
Leistung:	44 – 110 PS
Antrieb:	Hinterräder
Gewicht:	880 – 975 kg
Vmax:	127 – 178 km/h

FORD CAPRI II

Der Name klang schon damals wie ein wehmütiges Farewell in Richtung der 50er Jahre, als bei einer Felseninsel im Golf von Neapel gleich mehrmals am Tag die Sonne notenreich im Meer versank – dabei war der Ford Capri doch eigentlich sehr modern und eine echte Alternative für Sportwagenfans. Das zumindest suggerierte die Kölner Werbung: „Er sieht aus wie ein teurer Sportwagen. Er fährt sich wie ein Sportwagen. Und doch haben vier Erwachsene angenehm darin Platz."

Was durchaus diskutabel war: Wenn von den vier Erwachsen zwei nicht allzu großgeraten waren, stimmte es auch. Und wer zum stärksten Capri griff, der in der ersten Generation 150 PS lieferte und in der dritten (die auch noch in die 70er Jahre fiel) gar 220 PS, konnte auch recht sportlich auftreten. Der Einstieg begann 1969 allerdings bei braven 50 PS – was aber auch nur 6993 Mark kostete.

Aus deutscher Produktion stammten sagenhafte 784.000 Exemplare – der Nachfolger, etwas weichgespült und mit großer Heckklappe, lief wesentlich schlechter. Die letzte Version konnte auch nicht an den Ursprungserfolg anknüpfen: Capri II (siehe Foto) und III wurden zusammen knapp 570.000 Mal gebaut.

FORD CAPRI II	
Bauzeit:	1974 – 1978
Motor:	Reihenvierzylinder, V6
Hubraum:	1297 – 2993 cm³
Leistung:	54 – 138 PS
Antrieb:	Hinterräder
Gewicht:	1040 – 1250 kg
V_{max}:	140 – 200 km/h

FORD FIESTA (SERIE I)

Wer nach Köln hineinfährt, kann gar nicht anders, als eines der wenigen kunstvollen Autodenkmäler in der Bundesrepublik zu entdecken: Der Künstler H.A. Schult stellte 1991 einen vier Tonnen schweren Ford Fiesta der 3. Generation auf das Kölner Stadtmuseum, stattete ihn mit goldenen Flügeln aus und überließ der Phantasie der Betrachter die Deutung: Gottgegeben? Engelmacher? Zu schön für diese Welt? Richtig ist: Der Fiesta war für Ford ein Segen.

Als der erste 1976 kam, bescherte er den Kölnern ihren ersten Kleinwagen nach moderner Bauart – Heckklappe, quer eingebauter Frontmotor, Frontantrieb. Er war unaufgeregt, zuverlässig, bezahlbar und als Gebrauchter das Optimum für StudentInnen, weil fast geschlechtslos. Heute leben wir bereits mit der achten Generation, die immer noch so heißt wie eine Party (laut Schlager vorrangig in Mexiko), und es ist kein Ende in Sicht. Vielleicht hebt der Fiesta ja wirklich eines Tages noch ab.

FORD FIESTA (SERIE I)	
Bauzeit:	1976 – 1983
Motor:	Reihenvierzylinder
Hubraum:	957 – 1598 cm^3
Leistung:	40 – 84 PS
Antrieb:	Vorderräder
Gewicht:	730 – 775 kg
V_{max}:	132 – 172 km/h

125

FORD MUSTANG

Nur wenige Autos bringen bereits vor dem allerersten Verkauf eines Exemplars das Potenzial auf, zum Kult zu werden. Der Ford Mustang war eines davon, was auch an der strategisch durchgeplanten Verbreitung des „Pony-Cars" von Ford (besonders in Person von „Car Guy" Lee Iacocca) lag. Der Wagen mit dem Pferd am Kühler wurde sogar zum Namensgeber einer ganzen Fahrzeuggattung.

Massive TV-Werbung und Zeitungspräsenz sowie 200 Ausstellungsstücke in diversen Holiday Inns führten dazu, dass tausende Kaufwillige vor den Gebäuden der Ford-Händler übernachteten, um bei Verkaufsstart einen abzubekommen. Binnen dreier Tage setzte Ford 22.000 Stück ab. Ohne echter Sportwagen zu sein, wurde er zum bezahlbaren sportlichen Coupé, Fastback und Cabrio (Definition des Mustang: lange Schnauze, kurzes Heck, Platz für vier, auch stark zu haben).

Dieser „American Way of Drive" geriet vollends zum Kult, als der unvergessene Steve McQueen in einer GT390-Version als harter Cop „Bullitt" im gleichnamigen Film rund 13 Minuten lang einen flüchtenden Dodge Charger verfolgte. McQueen war dabei als semiprofessioneller Racer sein eigener Stuntman.

Mitte der 70er musste Ford seinem besten Pferd im Stall allerdings zunächst aus Energiekrisen-Gründen den Saft abdrehen – 1974 konnte man das Pony mit mageren 85 PS erwerben. 1975 aber war wieder ein Fünfliter-V8 zu haben: Dem Mustang wurde dann doch ein langes Leben beschert.

FORD MUSTANG

Bauzeit:	1964 – 1973
Motor:	Reihensechszylinder, V8
Hubraum:	2781 – 6946 cm³
Leistung:	101 – 390 PS
Antrieb:	Hinterräder
Gewicht:	1109 – 1200 kg
Vmax:	150 -- 225 km/h

GAZ 14 TSCHAIKA

1959 ging es der sowjetischen Automobilproduktion ungefähr so schlecht wie den Menschen im Gulag. Dennoch waren hochrangige Parteikader überzeugt, in automobilen Schlachtschiffen dem Arbeitervolk beibringen zu müssen, wie schön Übererfüllung des Solls sein kann. Da es aber an jeglicher repräsentativer Kalesche fehlte, erinnerten sie sich an den 1955er Packard Patrician, bauten ihn nach und nannten ihn GAZ 13 Tschaika, wobei das Letztere „Möwe" bedeutete und den 2,1-Tonnen-Koloss einigermaßen unzureichend beschrieb.

1977 gab es einen Nachfolger, der nun GAZ 14 Tschaika hieß. Der Seevogel geriet 6,11 Meter lang und gut zwei Meter breit. Der Radstand betrug 3,45 Meter, was den Funktionären genug Platz zum Repräsentieren bot. Das Gewicht stieg je nach Ausstattung auf 2,6 Tonnen. Unterm Blech blieb allerdings vieles beim Alten. Der 5,5-Liter-V8 lieferte statt 195 nun 220 PS, die per Dreigangautomatik die Hinterachse erreichten. Zwei Fallstrom-Vierfachvergaser versorgten die Maschine mit rund 16 Litern Sprit auf 100 Kilometer. Das hätte sich natürlich kein normaler Sowjetbürger leisten können – aber so einen Wagen bekam er ja ohnehin nicht.

GAZ 14 TSCHAIKA	
Bauzeit:	1977 – 1988
Motor:	V8
Hubraum:	5526 cm^3
Leistung:	220 PS
Antrieb:	Hinterräder
Gewicht:	2385 – 2600 kg
V_{max}:	175 km/h

HONDA CIVIC

Der Civic der ersten Serie war auf alle Fälle eines: knuffig. Das ist vielleicht ein ungewöhnlicher Begriff für ein Auto, aber bei dem Japaner passt er. Es war der erste Kompakte von Honda, und er kam 1974 nach Deutschland. Ein hochmodernes Teil: Kleine quer eingebaute Vierzylinder sorgten für flotte Fahrleistungen bei den zunächst nur als Zweitürer gebauten Wagen, später kamen noch Schrägheck-Varianten mit zwei oder vier Türen hinzu.

Der Motor versorgte die Vorderräder mit Kraft, und Scheibenbremsen vernichteten bei Bedarf die Energie zuverlässig. Besonders in Amerika war der Wagen ein Erfolg. Allerdings musste Honda bald eine Menge dieser netten Autos zurückrufen – wegen massiver Rostprobleme.

HONDA CIVIC	
Bauzeit:	1972 – 1979
Motor:	Reihenvierzylinder
Hubraum:	1169 – 1488 cm³
Leistung:	55 – 70 PS
Antrieb:	Vorderräder
Gewicht:	615 – 795 kg
V_{max}:	140 – 160 km/h

IFA WARTBURG 353

Wer einen Wartburg fuhr, war schon was in der DDR – schließlich war es kein Trabant. Und so gab es gelegentlich Zeitungsanzeigen, wenn ein einigermaßen wohlbestallter Datschenbesitzer sein Wochenenddomizil gegen einen Wartburg eintauschen wollte. Beliebt war auch der „Tourist" – die Kombiversion des Wartburg 353, die offiziell „Vollheckauto" hieß.

In Eisenach baute man die Chassis, die dann – sowohl für den Limousinen- als auch für den Kombibau – in die VEB Karosseriewerke Halle oder Dresden kamen, wo sie ihr Kleid aus Blech und glasfaserverstärktem Kunststoff bekamen. Das Fahrwerk war ausgesprochen gut und bestens geeignet, lange auch über kaputte DDR-Landstraßen rumpeln zu können. Man rührte ein bisschen in der Lenkradschaltung, die Zahnstangenlenkung war recht direkt.

1974 feierte man den Einzug von Zweikreis-Bremssystem, H4-Licht, stärkerer Lichtmaschine, überarbeitetem „Türschloßschließkeilsystem", Einhandbedienung für die Sicherheitsgurte vorne, qualitativ besseren Bezugsstoffen und so weiter. 1988 bekam er noch einen VW-Motor eingepflanzt. Die Wende war für ihn aber das Ende.

IFA WARTBURG 353	
Bauzeit:	1966 – 1988
Motor:	Dreizylinder-Zweitakt
Hubraum:	992 cm³
Leistung:	45 – 50 PS
Antrieb:	Vorderräder
Gewicht:	920 – 960 kg
V_{max}:	125 – 130 km/h

INNOCENTI MINI 90/120

Wirklich italienisch war Innocenti nur bis 1966. Ferdinando Innocenti hatte 1931 in Lambrate bei Mailand einen Stahl verarbeitenden Betrieb gegründet. 1947 erfand er die legendäre Lambretta, den perfekten Motorroller für die Nachkriegszeit. Später baute er in Lizenz den Austin A40 und weitere Autos der British Motor Corporation. Als Innocenti 1966 starb, kaufte BMC den ganzen Laden.

Bis 1974 sah der Innocenti Mini dem britischen zum Verwechseln ähnlich, dann brachte Innocenti eine eigene Version des modernisierten Morris Mini heraus – Innocenti 90 und Innocenti 120. Unter der gefälligen, von Bertone gezeichneten Karosserie mit großer Heckklappe arbeiteten entweder ein Einliter- oder ein 1,3-Liter-Vierzylinder.

Nach der Pleite der Briten übernahm de Tomaso 1976 gleich die ganze Firma. „Top-Modell“ war ab sofort der Innocenti de Tomaso – eine bespoilerte Version mit Lufthutze auf der kleinen Motorhaube, Alufelgen, integrierten Nebelleuchten und 70 PS. Innocentis liefen tatsächlich bis 1993 vom Band – dann war Schluss.

INNOCENTI MINI 90/120	
Bauzeit:	1974 – 1982
Motor:	Reihenvierzylinder
Hubraum:	998 – 1275 cm^3
Leistung:	44 – 70 PS
Antrieb:	Vorderräder
Gewicht:	650 – 740 kg
V_{max}:	140 – 165 km/h

ISO GRIFO

Einen Iso Grifo kennt jeder erwachsen gewordene Junge – wahrscheinlich jedoch nur aus dem Auto-Quartett. Der „Greif" ist eins dieser italienischen Mysterien wie Intermecchanica oder heutzutage Pagani – nicht so erfolgreich wie Lamborghini und Ferrari, aber aus dem gleichen Geist geboren und tatsächlich als Supersportwagen realisiert, wenn auch nur in geringen Stückzahlen.

Nach dem „Erfolg" des Iso Rivolta mit 700 Stück in den 1960er Jahren baute Iso den Grifo – eine hinreißende und potent wirkende italienische Sportwagenkarosserie gepaart mit einem bis zu sieben Liter großen V8. Damit wurde der Grifo allerdings nur 90 Mal verkauft. Erfolgreicher war der Sportler mit einem dann 406 PS starken 5,4-Liter-V8 – immerhin entstanden mehr als 400 Stück. Wirklich berühmt übrigens wurde ein anderes Auto aus der einstigen Kühlhaus- und -anlagenfabrik des Unternehmers Enzo Rivolta: Eine „Knutschkugel" namens Iso Moto-Coupé Isetta. Die hatte in den 50er Jahren die Deutschen wirtschaftswunderreisetauglich gemacht – als Lizenzprodukt unter dem Namen BMW Isetta.

ISO GRIFO	
Bauzeit:	1964 – 1974
Motor:	V8
Hubraum:	5354 – 6996 cm³
Leistung:	304 – 406 PS
Antrieb:	Hinterräder
Gewicht:	1430 – 1610 kg
V_{max}:	240 – 270 km/h

JAGUAR E-TYPE

Eigentlich ist der viel beschriebene Jaguar E-Type natürlich ein Kind der 60er Jahre – er kam bereits 1961 zur Welt. Hollywood entdeckte ihn relativ spät, Kino-Meriten heimste er erst 1968 ein als Dienstfahrzeug von Jerry Cotton. Oder auch in „Danger: Diabolik" aus demselben Jahr: Da rasten der Protagonist und seine Freundin in einem schwarzen und einem weißen E-Type durch den Film (der weiße zerschellte schließlich in einer Schlucht, was ich den Produzenten nie verzeihen konnte).

Die dritte und letzte Serie (kleines Bild) des E-Type wurde in den Jahren 1971 bis 1975 gebaut. Es gab sie allerdings nur noch mit langem Radstand, was die ursprüngliche und teilweise unverschämt erotische Linie etwas verwässerte. Unter der Haube aber arbeitete das beste Stück der Briten, ein seidenweicher V12 mit 5,4 Litern Hubraum. Damit wandelte sich der E-Type vom Sportwagen Richtung GT, was knapp 8000 Käufer ziemlich gut fanden.

Was sie allerdings nicht erheiterte, war, dass Jaguar eigentlich nie die technische Komplexität in den Griff bekam. Noch heute gilt der Zwölfer-E-Type bei Kennern als recht kapriziös – und gleichzeitig serienübergreifend als schönster Sportwagen aller Zeiten.

JAGUAR E-TYPE SERIE III	
Bauzeit:	1971 – 1975
Motor:	V12
Hubraum:	5343 cm³
Leistung:	276 PS
Antrieb:	Hinterräder
Gewicht:	1250 – 1450 kg
V_{max}:	245 km/h

JAGUAR XJ6/12 SERIES I & II

Als ich den besten Studentenjob der Welt hatte (Chauffeur bei einem Unternehmerehepaar), durfte ich ständig zwei Jaguar XJ6 bewegen. Oder musste? Tatsächlich waren die beiden Briten höchst unzuverlässig. Ein Beispiel? Selbstständiges Dauerhupen auf einem Autoreisezug bei Regen. Aber sie rochen so unvergleichlich intensiv nach Leder und galten zudem als Exoten. Und sie waren schön – eine so hinreißend flache Limousine mit einer beeindruckenden Länge von 4,8 Metern bot in den 70er Jahren sonst niemand an.

Die Linie hatte Jaguar-Gründer Sir William Lyons im Ursprung noch selbst entworfen – es war die letzte Designertat aus seiner Feder. Ab 1970 gab es das Auto auch mit Zwölfzylindermotor: Es war die einzige Limousine mit so einer imageträchtigen Maschine auf dem Markt. Zwölfer boten 1970 nur Ferrari und Lamborghini an – und auch nur in reinsten Sportwagen. Prompt spielte Jaguar weitere Trümpfe aus, etwa den XJ als zweitüriges Coupé oder als Vanden-Plas-Luxusversion.

1973 kam die zweite Serie, eindeutig erkennbar am flacheren Kühlergrill. Die Linie hatte dadurch gewonnen – die Qualität leider nicht. Die wurde erst später besser, was den XJ nach klassischem Design mit vielen Überarbeitungen noch bis 2009 überleben ließ.

JAGUAR XJ6/12 SERIES I UND II	
Bauzeit:	1968 – 1979
Motor:	Reihensechszylinder, V12
Hubraum:	2791 – 5343 cm³
Leistung:	149 – 289 PS
Antrieb:	Hinterräder
Gewicht:	1630 – 1742 kg
V_{max}:	188 – 237 km/h

JAGUAR XJ-S

1976 präsentierte Jaguar den XJ-S als Nachfolger des E-Type, zuerst als Coupé, später als Vollcabrio. Er war eher GT als Sportwagen und obendrein recht imposant: fast fünf Meter lang, 1,3 Meter flach, 1,8 Tonnen schwer und bestückt mit einem 287 PS starken V12. Logisch, dass der Zweisitzer auf Anhieb das teuerste Modell im Jaguar-Portfolio war. In Deutschland konkurrierte er mit Porsche 911 und Mercedes SL, galt allerdings schnell als durstig (was auch an der trägen Dreigangautomatik lag) und unzuverlässig.

Die Jaguar der 70er Jahre allgemein festigten stets ihren Ruf, die qualitativ schlechtesten der Marke zu sein. Dagegen stand Luxus im Überfluss dank fetter Ledersessel, fast verschwenderisch verteilten Holzes und des seidenweichen Laufs des tollen Zwölfzylinders. Zugegeben, der XJ-S ist – zumindest bislang – nicht so eine Sportwagenikone wie der E-Type. Aber er verkörpert bestens den Versuch, anders als andere GT zu sein.

JAGUAR XJ-S	
Bauzeit:	1976 – 1981
Motor:	V12
Hubraum:	5343 cm³
Leistung:	287 PS
Antrieb:	Hinterräder
Gewicht:	1800 kg
V_{max}:	240 km/h

JEEP CJ-5

Wir erweitern unseren Wortschatz: Was ist ein Deonym? Jeep, zum Beispiel. Da ist ein Markenname zur Bezeichnung einer ganzen Fahrzeuggattung geworden. Wie Tempo für Papiertaschentuch oder Uhu für Alleskleber. Eine bessere Voraussetzung, zum Kult zu werden, gibt es wohl kaum.

Immerhin hat es etwas gedauert, bis aus dem Militärfahrzeug 1954 auch ein in zivil erhältlicher Geländewagen wurde: der CJ (Civilian Jeep). In den 70er Jahren war es vor allem der Jeep CJ-5, der die Käufer überzeugte – auch wenn er gerne als hochgerüstetes Lifestylefahrzeug verwendet wurde und nicht immer als Hardcore-Geländeauto.

Dabei war der Jeep schon immer ein perfekter Kraxler dank Hinterachs-Differenzialsperre und Reduziergetriebe. Und weil die Frontscheibe bis auf

JEEP CJ-5	
Bauzeit:	1954 – 1983
Motor:	Reihensechszylinder, V6, V8
Hubraum:	2471 – 4971 cm³
Leistung:	60 – 121 PS
Antrieb:	Allrad
Gewicht:	1031 kg
V_{max}:	100 – 150 km/h

die Motorhaube klappbar war, galt der Jeep CJ-5 als eins der offensten Cabrios auf dem Markt. Das Modell wurde von 1954 bis 1983 in mehr als 600.000 Exemplaren verkauft – so viele Fans können sich nicht irren.

LADA NIVA

Manche Menschen schlagen die Hände vor dem Gesicht zusammen, wenn man den Lada Niva erwähnt, andere schauen eher amüsiert – aber kaum jemand, der auch nur im Entferntesten mit Autos zu tun hat, kennt ihn nicht: den wohl billigsten, am längsten gebauten und sympathischsten Einfachst-Allradler der Welt.

Der Lada steuerte 1976 als Schiguli 2121 erstmals sowjetische Schlaglöcher an. Der permanente Allradantrieb erwies sich als ziemlich robust, eine zuschaltbare Differenzialsperre und eine Geländeuntersetzung machten aus dem Sowjetgewächs auch im Westen eine ernsthafte Alternative zu wesentlich teureren Offroadern wie Land Rover oder Jeep. Mit höchstens 80 PS konnte ein Niva zwar keine großen Bäume aus dem Weg räumen geschweige denn ausreißen, aber immerhin über kleinere Exemplare drüberfahren. Er wird übrigens noch heute und nur wenig verändert gebaut. Nur der Name ist ein anderer: Taiga. Wenigstens offiziell – bei uns wird er wohl immer Niva heißen.

LADA NIVA	
Bauzeit:	seit 1976
Motor:	Reihenvierzylinder
Hubraum:	1569 – 1905 cm³
Leistung:	65 – 80 PS
Antrieb:	Allrad
Gewicht:	1285 – 1390 kg
Vmax:	130 – 138 km/h

LAND ROVER SERIES III

Bevor der einzig echte und wahre Land Rover „Defender" hieß (ab 1990), wurde er schlicht Series I, II und III genannt. Die III kam 1971 und unterschied sich optisch nur in Details von der Vorgängerserie. So bestand der Grill nun aus Kunststoff statt aus Metall. Die Basis bildeten nach wie vor Rahmen mit Radständen von 88 und 109 Zoll, allerdings gab es jetzt permanenten Allradantrieb. Das Getriebe wurde verbessert, beim „langen" Landy die Salisbury-Hinterachse verwendet, der Innenraum (dezent) aufgewertet.

Zum Glück war auch die dritte Serie, was die erste schon versprochen und gehalten hatte: ein nahezu unverwüstliches Geländeauto für die wirklich rauen Problemzonen dieser Welt. Jetzt gab es ihn sogar mit V8, der aber sehr zugeschnürt war und nicht mehr als 91 PS leisten durfte. Auch die anderen Modelle glänzten übrigens nicht mit Kraft im Überfluss – der Diesel hatte mit seinen 63 PS reichlich Mühe, dem Landy auf der Straße zu einer adäquaten Geschwindigkeit zu verhelfen. Aber nur für die Straße waren die „Series" auch nie gedacht.

LAND ROVER SERIES III	
Bauzeit:	1971 – 1984
Motor:	Reihenvier- und -sechszylinder, V8
Hubraum:	2286 – 3500 cm³
Leistung:	63 – 135 PS
Antrieb:	Allrad
Gewicht:	ab 1339 kg
V_{max}:	100 – 130 km/h

LAMBORGHINI COUNTACH LP 400

Die 70er Jahre gehören zweifellos zu Lamborghinis Hoch-Zeit: Miura, Espada, Jarama, Urraco, Jalpa, Countach – sie alle waren Teil des Lambo-Portfolios zwischen 1970 und 1980. Wobei kein anderer als der Countach den Sportwagengeist jener Zeit besser verkörperte. Er wirkte eher wie ein futuristisches Show-Car als ein Seriensportwagen: kantig, gepfeilt, riesige Lufteinlässe für den V12-Mittelmotor, Flügeltüren, dazu eine Karosserie aus Stahl und Aluminium.

Mit unglaublichen 385 PS konnten die glücklichen Eigner bis zu 300 km/h schnell fahren, besaßen aber auch einen der unübersichtlichsten Sportwagen jener Zeit. Was auf der Autobahn nichts ausmachte – mit genialem Klanggewitter fuhr man allen anderen Verkehrsteilnehmern davon. Sobald es aber ans Lenken ging, freute man sich über jeden weiteren Mus-

kelstrang in den Armen. Respekt war allerdings der beste Fahrlehrer – mit wenig Downforce wanderte der Kracher gerne überraschend zum Kurvenaußenrand. Mehr als 150 Stück dieses Supercars im besten Sinne wurden nicht gebaut – aber diese 150 sicherten Lamborghini das Überleben. Und festigten das brachiale Image.

LAMBORGHINI COUNTACH LP 400	
Bauzeit:	1974 – 1979
Motor:	V12
Hubraum:	3929 cm^3
Leistung:	385 PS
Antrieb:	Hinterräder
Gewicht:	1450 kg
V_{max}:	300 km/h

LANCIA FULVIA COUPÉ

Es gab Zeiten, da war Lancia kein vernachlässigtes Fiat-Anhängsel, das mit Chrysler zwangsverheiratet wurde, sondern eine stolze und innovative Automarke. Lancia verdanken wir die erste selbsttragende Karosserie sowie das erste Automodell mit elektrischem Anlasser. Und das Fulvia Coupé – einen der schönsten Mittelklasse-Zweitürer der 70er Jahre und wohl der letzte echte Lancia, bevor Fiat 1969 die Regie übernahm.

Da stimmte einfach alles: Image, Proportionen, bis zu 114 sportliche PS (in der seltenen 1016-Sportversion auch bis zu 132), wenn auch nur aus einem Vierzylinder-V-Motor. Der allerdings besaß mit 13 Grad einen so engen Bankwinkel, dass ein Zylinderkopfdeckel ausreichte. Das Dach ruhte auf äußerst filigranen A- und C-Säulen, gezeichnet von Lancia-Designer Pietro Castagnero. Ab 1970 wurden Girling-Bremsscheiben rundum eingebaut.

Der 2+2-Sitzer war ein eleganter, sozialverträglicher GT in vornehmem, aber trotzdem recht unauffälligem Kleid. Als „HF" nahmen Fulvia Coupés äußerst erfolgreich an hochwertigen Rennsportevents teil: Die Race-Fulvia heimsten zwei Rallyeweltmeisterschaften und drei Europameister-Titel ein. Dafür wurden die schon von Haus aus recht leichten Sportler nochmals abgespeckt, etwa durch den Verzicht auf Stoßstangen und den Einsatz von Plexiglas in den Fenstern.

Insgesamt 140.000 verkaufte Exemplare sind für so ein Nischenauto ein verdammt respektabler Wert.

LANCIA FULVIA COUPÉ	
Bauzeit:	1965 – 1976
Motor:	V4
Hubraum:	1216 – 1584 cm^3
Leistung:	88 – 132 PS
Antrieb:	Vorderräder
Gewicht:	950 kg
V_{max}:	160 – 180 km/h

LANCIA STRATOS

Wer behauptet, dass aus dem Fiat-Konzern nach dem Lancia Stratos nie wieder ein so konsequentes Auto kam, muss nicht mit Widerspruch rechnen. Der Stratos ist konsequent keilförmig und konsequent sportlich. Fiat hatte tatsächlich Erfolge in der Rallye-Weltmeisterschaft im Auge, als die Verantwortlichen grünes Licht für den Rennwagen gaben.

Zur Homologation mussten 500 Straßenversionen entstehen. Bei diesen Exemplaren änderte der italienische Konzern nur das, was die Straßenverkehrsordnung vorgab. Es blieben ein robuster Rohrrahmen, der 190 PS starke V6 aus dem Ferrari Dino, ein kurzer Radstand, ein leicht zu verstellendes Fahrwerk, für schnelle Wartungsarbeiten weit öffnende Hauben und zwei Ablagen für Helme. Die kann man natürlich auch mit etwas Anderem füllen – wäre aber schade drum.

LANCIA STRATOS	
Bauzeit:	1973 – 1974
Motor:	V6
Hubraum:	2418 cm³
Leistung:	190 PS
Antrieb:	Hinterräder
Gewicht:	980 kg
V_{max}:	230 km/h

LOTUS EUROPA S1, S2, TC, SPEZIAL

Nachdem es vom eigenwillig gestylten Sportwagen Lotus Europa von 1966 bis 1968 schon mal eine Serie gab, legte Chapman eine zweite auf von 1968 bis 1971 – die Form blieb exaltiert. Der Motor stammte aus dem Renault 16, das Getriebe ebenso. Wie meistens bei Produkten aus Hethel, Norfolk, umhüllte die Passagiere eine Plastikkarosserie. Das Cockpit war fast luxuriös bestückt: Selbst Holz fand Einzug, ebenso freuten sich die Eigner über elektrische Fensterheber. Komplett kostete das Auto 1918 Pfund, als Kit-Car für den Selbstbauer 1459 Pfund.

Im Mai 1971 entstand das letzte S2 von insgesamt 3615 Stück. Als „S2 Federal Spec" wurden zusätzlich 865 Exemplare gebaut mit 1565-cm³-Motor aus dem R16 TS für den amerikanischen Markt – die Maschine brachte aber auch nur 80 PS auf die Kurbelwelle. Das Modell wurde 1971 komplett abgelöst vom Type 74 Europa Twin Cam. Bis 1975 gab es die Modelle Europa Twin Cam und Europa Special mit Lotus Ford Twin Cam-Motor, der für 126 PS sorgte. Das Getriebe stammte weiterhin von Renault. Der neue Europa erwies sich für die Briten als Glücksfall: 4710 Stück wurden gebaut – für Lotus durchaus eine Erfolgsgeschichte.

LOTUS EUROPA S1, S2,TC, SPEZIAL	
Bauzeit:	1966 – 1975
Motor:	Reihenvierzylinder
Hubraum:	1470 – 1558 cm³
Leistung:	82 – 126 PS
Antrieb:	Hinterräder
Gewicht:	612 – 720 kg
V_{max}: bis	192 km/h

LOTUS ESPRIT S1

Der berühmteste Lotus ist wohl – neben dem Seven, aus dem der Caterham wurde – der Esprit. Lotus-Chef Colin Chapman brachte ihn 1976 als großen Sportwagen aus der Leichtbauschmiede in Hethel, Norfolk. Stardesigner Giorgio Giugiaro perfektionierte beim Esprit die immer mehr um sich greifende Keilform. Auch wenn vor der Hinterachse nur ein Vierzylinder arbeitete, der nicht mehr als 160 PS leistete, traf der italienische Meister den Geschmack der Sportwagenfans. Das Getriebe stammte vom Citroën SM.

Ein großer Schritt zum Kultmobil bedeutete die Entscheidung der Produzenten des James Bond-Streifens „Der Spion, der mich liebte", einen Esprit S1 auf der Leinwand höchst unterhaltsam vom Auto zum U-Boot mutieren zu lassen. Dieser Coup konnte allerdings kaum kaschieren, dass die Qualität der britischen Sportwagen ziemlich mager war, wenn nicht gar unterirdisch. Lotus verkaufte möglicherweise deshalb nur 718 Esprit der Serie 1.

LOTUS ESPRIT S1	
Bauzeit:	1976 – 1980
Motor:	Reihenvierzylinder
Hubraum:	1974 cm^3
Leistung:	160 PS
Antrieb:	Hinterräder
Gewicht:	1194 kg
V_{max}:	210 km/h

MARCOS MINI GT MK II

Wenn Marcos überhaupt je ein Massenmodell herstellte, war es der Mini-Marcos – letztlich ein Kit-Car auf Austin-Mini-Basis. Rund 800 Stück fertigte der kleine englische Hersteller innerhalb von acht Jahren, und zwar mit Kunststoffkarosserie. Das Design war nicht jedermanns Sache, dafür unverwechselbar. Die Idee dazu hatte der Designer Dizzy Addicott. Der größte Vorteil des Kleinst-Coupés war seine Leichtigkeit – mit weniger als 500 Kilogramm war der Mini-Marcos GT selbst auf der Rennstrecke ein Gegner von arrivierten Sportlern. So fuhr ein Mini-Marcos 1966 in Le Mans – pilotiert von Claude Ballot-Léna sowie Jean-Louis Marnat und gestartet in der Klasse P 1.3 – nach 24 Stunden Rennzeit zwar als letzter über die Ziellinie, erreichte aber damit den 15. Gesamtrang mit 258 Runden und war das einzige britische Fahrzeug im Ziel.

MARCOS MINI GT MK II	
Bauzeit:	1965 – 1973
Motor:	Reihenvierzylinder
Hubraum:	848 – 1275 cm^3
Leistung:	38 – 77 PS
Antrieb:	Vorderräder
Gewicht:	476 kg
V_{max}:	125 – 170 km/h

MARCOS 3 LITRE

Als ich im Herbst 1998 Marcos-Firmengründer Jeremy George Weston Marsh und seinen Sohn Chris in Westbury, Wiltshire, besuchte, war ihnen noch zu Späßen zumute, als sie mich vom Flughafen Bristol abholten und wir an einem Schrottplatz vorbeifuhren: „Da holen wir unsere Ersatzteile ...“ Zu der Zeit bauten sie ihre damals mehr als 100.000 Mark teuren Sportwagen in zwei Nissenhütten.

Marcos war das typische Beispiel für eine britische Firma von engagierten Ingenieuren und Rennfahrern (hier Mike Costin und Jem Marsh), die versuchen, ihre Träume zu verwirklichen. Das gelang Marcos in den 70er Jahren noch am besten mit dem 3 Litre, der zuerst sogar noch auf einem Holzchassis stand. Für sportliche Fahrleistungen reichten rund 140 PS, denn der flache Zweisitzer wog nicht mal eine Tonne. Die Motoren holten sich die Enthusiasten von Ford, Triumph und Volvo.

Eigenständiges Design, einstellbare Bodenfreiheit und einstellbare Pedale und Lenkrad statt verschiebbarer Sitze in Nachfolgemodellen und der Einsatz von Rover-Motoren konnten die Firma letztlich nicht retten – wahrscheinlich waren die Preise zu hoch. So baute Marcos insgesamt weniger als 2500 Autos.

MARCOS 3 LITRE	
Bauzeit:	1969 – 1972
Motor:	Reihensechszylinder, V6
Hubraum:	2424 – 2994 cm³
Leistung:	140 – 143 PS
Antrieb:	Hinterräder
Gewicht:	914 kg
V_{max}:	200 km/h

MASERATI GHIBLI

Eigentlich ist es nicht fair, aus der Vielzahl der Modelle, die Maserati in den 1970er Jahren anbot, eines als das kultigste zu bezeichnen. Ghibli, Mexico, Indy, Bora, Merak, Khamsin, Kyalami – wenn man heute von „Orientierungslosigkeit" spricht, ist das noch freundlich ausgedrückt. Aber zu jener Zeit wechselten auch die Besitzverhältnisse – 1975 übernahm Alejandro de Tomaso die angeschlagene Firma. Jedenfalls war der Ghibli einer der größten Erfolge für Maserati in jener Zeit – und die Form einfach atemberaubend.

Das Design stammte von Giorgio Giugiaro aus seiner Zeit bei Ghia. Basis war ein Gitterrohrrahmen, den Antrieb übernahmen große V8-Motoren mit bis zu 335 PS (ab 1970), die mit vier obenliegenden Nockenwellen, Leichtmetallzylinderköpfen und vier

Weber-Fallstrom-Doppelvergasern ausgestattet waren. Ein Ghibli war mit bis zu 280 km/h pfeilschnell und konnte Platzhirschen wie Ferrari oder Lamborghini durchaus das Benzin reichen. Andere Hersteller wie Bitter oder Matra-Simca orientierten sich etwas an der unfassbar schönen Form. Genau 1247 Exemplare entstanden, darunter sogar einige Cabriolets (siehe Foto).

MASERATI GHIBLI	
Bauzeit:	1966 – 1973
Motor:	V8
Hubraum:	4719 – 4920 cm³
Leistung:	310 – 335 PS
Antrieb:	Hinterräder
Gewicht:	1810 – 1870 kg
Vmax:	270 – 280 km/h

MATRA BAGHEERA

Karosserie Plastik, Technik von Simca – klingt simpel, was der Nachfolger des schrägen Matra Jet bot. Aber der Bagheera hatte es faustdick hinter den 20 verschiedenen Polyesterteilen der Karosserie: Mittelmotor und als Gag drei Sitze nebeneinander, zudem ein recht aufwändiges Fahrwerk mit vorderen Dreiecksquerlenkern und hinten einzeln aufgehängten Rädern an Längslenkern mit querliegenden Drehstabfedern samt Stabilisatoren.

Zwar versprach die Form gute Fahrleistungen, die konnten aber die Simca-Motoren und die Technik aus dem Simca 1100 Special nicht liefern. Eine Zweiliter-Version wurde deshalb angedacht, jedoch nie realisiert. Innen war das Plüschinterieur ziemlich schnell verwohnt, und die Verarbeitung ließ zu wünschen übrig. 1975 gab es gar die „Goldene Zitrone“ vom ADAC als neues Auto mit den meisten Fehlern und Pannen. Sie meinen, das alles reicht nicht für Kult? Doch, gerade.

MATRA BAGHEERA	
Bauzeit:	1973 – 1980
Motor:	Vierzylinder
Hubraum:	1294 – 1442 cm^3
Leistung:	85 – 90 PS
Antrieb:	Hinterräder
Gewicht:	1015 kg
V_{max}:	175 – 185 km/h

MATRA-SIMCA (TALBOT) RANCHO

So undurchschaubar selbst für Insider das merkwürdige Firmenkonstrukt aus Matra, Talbot und Simca war, so wegweisend war der Rancho unter der Bezeichnung Matra-Simca und Talbot-Matra, der 1977 auf den Markt kam. Für manche ist der Rancho nicht mehr als ein automobiler Sidekick der Freizeitgesellschaft – in Wahrheit ist er viel mehr, nämlich so etwas wie das erste SUV (Sport Utility Vehicle).

Die Basis lieferte der Simca 1100, der mit dem Motor des Simca 1308 bestückt wurde. Für das „Lifestyle"-Design war der Grieche Antonis Volanis zuständig, der nicht nur beim Rancho die geheimen Wünsche der Kunden erfüllte, sondern später auch mit dem Renault Espace.

Der Rancho war als reines Pseudo-Offroad-Freizeitfahrzeug konzipiert – das Kombiheck wie ein Pickup-Aufsatz gestaltet mit großen Glasflächen, dazu rustikale Optik mit angedeutetem Rammschutz, Seitenbeplankung mit schwarzen Plastikaufsätzen, verbreiterte Kotflügel und Zusatzscheinwerfer. Ganz so konsequent, wie die Optik es versprach, wurde das Auto aber dann doch nicht: Der angedachte Allradantrieb fiel dem Rotstift zum Opfer. Trotzdem konnten die Franzosen rund 56.000 Stück absetzen.

MATRA-SIMCA (TALBOT) RANCHO	
Bauzeit:	1977 – 1983
Motor:	Reihenvierzylinder
Hubraum:	1442 cm^3
Leistung:	80 – 102 PS
Antrieb:	Vorderräder
Gewicht:	1140 kg
V_{max}:	145 km/h

MAZDA 110 S COSMO

Man muss so einen Mazda 110 S Cosmo einfach nur mal live hören: Er kreischt in den höchsten Tönen. Aber in den ungewöhnlichen Genuss dieses Sounds kommen nicht viele: Das erste serienmäßig gebaute japanische Wankelmotorfahrzeug wurde nie exportiert, es war nur für den Heimatmarkt Japan gedacht. Was schade war, denn die flache, futuristische Coupé-Form überzeugte auf Anhieb.

Mazda hatte sich bereits 1961 die Rechte am Kreiskolbenmotor von NSU gesichert und ihn weiterentwickelt, bis Ölundichtigkeiten kein Thema mehr waren. Trotz halbwegs antiquiertem Fahrwerk mit Blattfedern waren die wenigen Tester, die das Auto damals fahren konnten, beeindruckt vom Handling. Die Stückzahl blieb mit insgesamt 1516 Exemplaren sehr übersichtlich. Von der ersten Baureihe L10A mit 110 PS wurden nur etwa 350 gebaut. Die zweite Serie namens L10B besaß zwar den gleichen Motor, dank geänderter Steuerung aber 128 PS. Schade, dass der Bau des Beaus bereits 1973 eingestellt wurde.

MAZDA 110 S COSMO	
Bauzeit:	1967 – 1973
Motor:	Zweischeiben-Wankel
Hubraum:	2 x 491 cm³
Leistung:	110 – 128 PS
Antrieb:	Hinterräder
Gewicht:	940 kg
V_{max}:	185 km/h

MAZDA RX-7

Selten genug, dass es ein Nachfolgemodell nahezu ebenso zum Kultmobil schafft wie der Vorgänger – Mazda ist das mit dem RX-7 gelungen. Das liegt allerdings nicht zuletzt an der Wankeltechnik, die Mazda in den 70er Jahren als einziger Autohersteller konsequent weiterverfolgte – 1973 baute die Firma aus Hiroshima bereits das 160.000ste Wankel-Auto. 1972 wurde Mazda Deutschland gegründet, und ein Jahr später waren hier die ersten 400 Mazda verkauft. Erst 1978 brachten die Japaner den Nachfolger des Cosmo 110 S heraus – stilistisch gestrafft, gereift, immer noch keilförmig, mit Klappscheinwerfern. In seinem ersten Deutschland-Jahr, 1979, kostete er bei uns 21.993 Mark. 105 PS reichten für knapp 200 km/h Spitze, erst Anfang der 80er Jahre gab es zehn PS mehr und damit die offizielle Aufnahme in den 200-km/h-Club. Der Kreiskolbenmotor war hochfrequent und liebte Drehzahlen bis um die 8000 Umdrehungen pro Minute. Besonders in Amerika machte das Auto dem Porsche 924 das Leben schwer. Und das gelang nicht wirklich vielen Konkurrenten ...

MAZDA RX-7	
Bauzeit:	1978 – 1986
Motor:	Zweischeiben-Wankel
Hubraum:	2 x 573 cm³
Leistung:	115 PS
Antrieb:	Hinterräder
Gewicht:	1045 kg
V_{max}:	195 km/h

MERCEDES-BENZ STRICH-ACHT (W115)

Es ist nicht vielen Autos vergönnt, einen Kosenamen zu erhalten – wenn man mal bedenkt, wie viele Modelle es im Laufe der Jahrzehnte so gibt. Die Mercedes-Mittelklasse, die bis zur ersten Hälfte der 70er Jahre gebaut wurde, gehört dazu: Der Strich-Achter oder „/8" erhielt seinen Nicknamen jedoch nicht, weil er als Großraumauto für das Milieu entwickelt wurde, sondern weil er 1968 auf den Markt kam. Gerne erinnere ich mich an meinen Studenten-Strich-Achter (es war die blechgewordene Verkehrshindernisversion: 200er-Diesel mit 55 PS). Die Türen klangen beim Zuschlagen wie Tresore, das Vorglühen mit dem Choke war Fitnesstraining für die Finger, und um im Winter voranzukommen, musste ich mit drei Gehwegplatten im Kofferraum die Traktion erhöhen. Die Technik war kaum zu zerstören, das Blech dagegen schon: Rost raffte auch meinen grünen Merci dahin – und zwar derjenige am Rahmen. Mercedes baute vom Strich-Acht innerhalb von acht Jahren etwa 1,8 Millionen Benzin-Limousinen, knapp 950.000 Diesel-Limousinen und gut 67.000 Coupés (im Bild ein 220 CE) – ein voller Erfolg.

MERCEDES-BENZ STRICH-ACHT (W115)	
Bauzeit:	1968 – 1976
Motor:	Reihenvierzylinder, Reihenfünfzylinder, Reihensechszylinder
Hubraum:	1988 – 2971 cm³
Leistung:	55 – 185 PS
Antrieb:	Hinterräder
Gewicht:	ab 1340 kg
V_{max}:	125 – 200 km/h

MERCEDES-BENZ W123

Nach dem Strich-Achter folgte in der zweiten Hälfte der 1970er Jahre der W123. Der war größer, moderner, flacher, und das letzte Modell, das nicht so gut wie nötig, sondern so gut wie möglich sein durfte. Neben Diesel-, Benzin- und Coupé-Versionen gab es die Mittelklasse ab 1978 erstmals als serienmäßige Kombi-Version, „T-Modell" genannt, was für „Touristik" und „Transport" stand, aber landläufig auch als „teuer" übersetzt wurde – mit einem T-Modell lud man sich nicht nur 100 Kilo im Vergleich zur Limousine mehr auf, sondern belastete sein Konto auch mit zusätzlichen 4000 Mark. Egal: Allein von diesem Edel-Transporter (zuvor galten Kombis als Handwerker-Fahrzeuge) baute Mercedes mehr als 1,1 Millionen Stück. Diesel- und Benzinlimousinen fanden 3,9 Millionen Freunde, das etwas unförmige Coupé mit Benzinmotor wurde knapp 85.000 Mal verkauft. Kein Wunder, dass der W123 heute in Deutschland zu den meistzugelassenen Oldtimern zählt: Platz zwei nach dem VW Käfer. Das geht nur mit Kult.

MERCEDES-BENZ W123	
Bauzeit:	1976 – 1985
Motor:	Reihenvierzylinder, Reihenfünfzylinder, Reihensechszylinder
Hubraum:	1988 – 3005 cm^3
Leistung:	55 – 185 PS
Antrieb:	Hinterräder
Gewicht:	1340 – 1680 kg
V_{max}:	125 – 200 km/h

MERCEDES-BENZ S-KLASSE (W116)

Mit der S-Klasse hat Mercedes ein Synonym für die automobile Oberklasse geschaffen – der erste Vertreter war der W116. Als er 1972 auf den Markt kam, wurde er sofort von einer Fachjury zum imageträchtigen „Auto des Jahres“ gewählt und war damit das erste Luxusauto, das diesen Titel gewann. Das schaffte es sogar ohne bahnbrechende Innovationen außer vielleicht der Doppelquerlenker-Vorderachse aus dem Erprobungsprototypen C111. Es überzeugte einfach durch seine Ausgewogenheit, seine Souveränität, seine Robustheit und seine stattliche Erscheinung. Der Einstieg war mit knapp 24.000 Mark nicht billig, aber durchaus sein Geld wert. Mit dem 300 SD Turbodiesel zog 1978 erstmals der Dieselmotor in die Oberklasse ein – allerdings nur auf dem amerikanischen Markt. Ab 1978 war die S-Klasse übrigens auch mit der elektronischen Stotterbremse ABS zu erhalten. Der Hammer aber war das Top-Modell, das Mercedes 1975 auflegte: Der 450 SEL 6.9 erhielt den mit 6834 Kubikzentimetern größten Mercedes-Nachkriegsmotor. 286 PS und 540 Newtonmeter maximales Drehmoment sorgten für eine Beschleunigung auf 100 km/h in 7,4 Sekunden und eine Höchstgeschwindigkeit von 225 km/h – im Zusammenspiel mit Sperrdifferenzial und hydropneumatischer Federung waren das die perfekten Gene, um als große luxuriöse Limousine zum Porsche-Jäger zu avancieren. Immerhin 7380 Liebhaber fand der Über-Benz.

MERCEDES-BENZ S-KLASSE (W116)	
Bauzeit:	1972 – 1980
Motor:	Reihensechszylinder, V8
Hubraum:	2746 – 4520 cm³
Leistung:	156 – 225 PS
Antrieb:	Hinterräder
Gewicht:	1660 – 1985 kg
V_{max}:	190 – 210 km/h

MERCEDES-BENZ SL (R107)

Sorry, aber zu den Kultautos der 70er Jahre gehört noch ein Mercedes – natürlich ein Sportwagen: der SL, denn der geriet nach der Präsentation 1971 zu einem der erfolgreichsten Seriensportwagen in der deutschen Automobilgeschichte. Der Markt erlaubte es, dass Mercedes in 18 Jahren 237.000 Stück verkaufte – gewaltig für einen offenen Zweisitzer. Vom 2,8-Liter-Reihensechszlinder bis zum potenten Fünfliter-V8 war alles zu haben, was ordentlich beschleunigte, und nur Puristen bemängelten fehlenden Purismus. Tatsächlich gab es alles an Bord, was das Offenfahren erträglich machte, nur das Windschott und der wärmende Airscarf mit Heizungsluft aus den Kopfstützen zum Schmeicheln sensibler Managerhälse war noch nicht erfunden. Auf Wunsch konnte man sich seinen Neuwagen mit Notsitzen liefern lassen. Das Design – unter anderem mit den geriffelten Rücklichtern, die das Verschmutzen verhindern sollten – war stilprägend für den Rest des Mercedes-Portfolios. Sogar sportlich machte die Baureihe 107 von sich Reden: Die Coupé-Version trat zum Beispiel bei der Safari-Rallye und der Bandama-Rallye an.

MERCEDES-BENZ SL (R107)	
Bauzeit:	1971 – 1989
Motor:	Reihensechszylinder, V8
Hubraum:	2746 – 4973 cm³
Leistung:	177 – 245 PS
Antrieb:	Hinterräder
Gewicht:	1500 – 1720 kg
Vmax:	205 – 225 km/h

MELKUS RS 1000

Das Auto ist Kult, der Mann eine Legende: Heinz Melkus baute in der DDR in Eigenregie den einzigen Rennsportwagen des real existierenden Sozialismus. Melkus wusste, was er tat, war er doch der erfolgreichste Rennfahrer im anderen Teil Deutschlands. Er nahm den Wartburg 353 als Basis und baute darauf eine windschnittige Karosserie (Vorderteil und Heck aus Plastik, Mittelteil und Flügeltüren aus Leichtmetall, der Boden aus Stahlblech). Den Motor versetzte er vor die Hinterachse und ließ ihn die Hinterräder antreiben. Die Straßenversionen glänzten mit 70 PS, die Rennversionen sogar dank Rennvergaser mit 90 PS. Tatsächlich war das Auto zu kaufen, allerdings nicht für jedermann: Er kostete das Doppelte eines Wartburg und konnte nur mit Beziehungen über den Allgemeinen Deutschen Motorsport Verband (ADMV), dem Ost-ADAC-Pendant, bezogen werden. Nur 101 Stück wurden gebaut.

MELKUS RS 1000	
Bauzeit:	1969 – 1980
Motor:	Dreizylinder-Zweitakter
Hubraum:	993 cm³, 1100 cm³
Leistung:	70 PS, 90 PS
Antrieb:	Hinterräder
Gewicht:	680 – 750 kg
Vmax:	165 km/h, 210 km/h

MERCURY COUGAR

Wenn ich behaupten würde, alle amerikanischen Muscle-Cars wären Kult, hätte ich zwar recht, würde es mir aber auch zu einfach machen. Ohne Frage, als einer der elegantesten Vertreter dieser in den 70er Jahren aussterbenden Klasse war auf alle Fälle der Mercury Cougar, dessen um 180 Grad drehbare Frontscheinwerfer hinter Lamellen scheinbar verschwanden – man sprach vom „Rasierapparat-Grill". Angestachelt vom Erfolg des Mustang durfte die Nebenmarke Mercury auch so ein Power-Pony auflegen, und dem Cougar war es vorbehalten, ausschließlich mit kräftigen V8-Motoren mit Hubräumen von 4,7 bis 6,3 Litern ausgestattet zu werden und den Edel-Mustang zu mimen. Immerhin gut 150.000 Cougar konnte die Ford-Division Mercury zwischen 1967 bis zum Energiekrisentod 1973 verkaufen. Einer wurde berühmt als Bond-Auto: In „Im Geheimdienst ihrer Majestät" aus dem Jahr 1969 durfte ein Cougar mit Skiträgern durch den Schweizer Winter brettern.

MERCURY COUGAR	
Bauzeit:	1967 – 1973
Motor:	V8
Hubraum:	4728 – 6384 cm³
Leistung:	203 – 324 PS
Antrieb:	Hinterräder
Gewicht:	1361 – 1554 kg
V_{max}:	175 – 200 km/h

MGB

Der MGB war bis zum Mazda MX-5 mit fast 390.000 Stück (ohne Einbeziehung der Sechszylinder- oder Coupè-Derivate) der meistverkaufte Roadster und damit der erfolgreichste britische Zweisitzer aller Zeiten. Er war eine ganze Nummer größer als der Midget und hatte auch einen erwachseneren Auftritt. Das manifestierte sich in einem 96 PS starken 1,8-Liter-Vierzylinder, der keine Mühe hatte mit dem nur gut 900 Kilo leichten Engländer. Die Qualität war leider auch typisch „britisch“: So litten viele Exemplare unter dem Einfluss des „Lord of Darkness“, der Elektrik des Zulieferers Lucas. Wobei ich da mal in die Bresche springen muss: Ich besitze seit gut zwölf Jahren einen B und der macht trotz teils wirklich fragwürdiger Lucas-Verkabelung keinerlei Probleme. Er stammt von 1968 – da wurden noch die schönen Chrommodelle verkauft. Ein US-Anwalt namens Ralph Nader und sein Buch „Unsafe at any Speed“ ist ganz alleine Schuld, dass der MGB ab 1974 (wie auch andere Autos) aus neuen Sicherheitsgründen mit hässlichen Gummistoßstangen ausgeliefert werden mussten, was dem Wagen den Beinamen „Gummiboot“ einbrachte. Dabei gehörte der MGB von Anfang an zu den wenigen Autos jener Zeit, die so etwas wie eine definierte Knautschzone besaßen.

MGB	
Bauzeit:	1962 – 1980
Motor:	Vierzylinder
Hubraum:	1798 cm^3
Leistung:	92 – 96 PS
Antrieb:	Hinterräder
Gewicht:	934 kg
V_{max}:	165 – 175 km/h

MINI COOPER

Die Geschichte der Entstehung des einzig wahren Minis ist legendär: Alec Issigonis – Brite mit griechischen Wurzeln und abgebrochenem Konstrukteurstudium (er scheiterte im Fach „Mathematik") – erfand den kleinen Viersitzer als Mitarbeiter im Morris Engineering Departement, als er das Konzept auf eine Papierserviette zeichnete. 1959 kamen der Morris Mini Minor und der Austin Seven auf den Markt - die englischen Marketingexperten von BMC hielten es für eine gute Idee, ein und dasselbe Auto von zwei verschiedenen Marken auf die Menschheit loszulassen. Erst 1969 bemerkten sie die verwirrende Dualität und taten das einzig Richtige: Sie machten aus Mini eine eigene Marke. So durfte das kleine Raumwunder stolz unter eigenem Namen in die 1970er rollen, und niemand ahnte zu dem Zeitpunkt, dass sich das Konzept nahezu unverändert bis 1984 halten würde. Kleine quer eingebaute Motoren, eine Sitzhaltung wie der berühmte „Affe auf dem Schleifstein", ein deshalb am Fahrerplatz recht flachliegendes Lenkrad und ein kleiner, aber gut nutzbarer Kofferraum („außenliegendes Handschuhfach") machten aus dem Briten-Zwerg einen unglaublichen Erfolg, inklusive der Power-Versionen Mini Cooper. Insgesamt wurden rund 5,4 Millionen Ur-Minis gebaut – noch viele finden sich heute in Garagen, Carports und Scheunen. Mini forever!

MINI COOPER	
Bauzeit:	1969 – 1984
Motor:	Vierzylinder
Hubraum:	848 – 1071 cm³
Leistung:	34 – 70 PS
Antrieb:	Vorderräder
Gewicht:	617 – 737 kg
Vmax:	115 km/h, 130 km/h

MITSUBISHI LANCER

Erst im Jahr 1977 entschied sich Mitsubishi, Autos in Deutschland anzubieten. Dazu gehörte der Lancer der ersten Generation. Er zielte mit reichhaltiger Ausstattung und günstigen Preisen als Stufenheck-, Schrägheck- und Kombivariante auf die Kundschaft, die sonst Opel Kadett oder Ford Escort im Focus hatte. Die Preise lagen ähnlich, jedoch waren die Lancer – wie zu jener Zeit die japanischen Autos allgemein – wesentlich besser ausgestattet, und das ohne Aufpreis. Im Jahr 1975 kam ein interessant geschnittenes Coupé hinzu, das in Europa als Celeste bekannt wurde. Zur Wahl standen drei Motoren von 1,2 bis 1,6 Liter Hubraum. Schade eigentlich, dass erst später die „Evolution“-Modelle verfügbar waren: Sie gaben der Lancer-Baureihe erst ab den 90er Jahren den richtigen Pfeffer ...

MITSUBISHI LANCER	
Bauzeit:	1973 – 1979
Motor:	Vierzylinder
Hubraum:	1238 – 1597 cm³
Leistung:	55 – 86 PS
Antrieb:	Hinterräder
Gewicht:	835 – 1045 kg
Vmax:	145 – 155 km/h

NSU RO 80

Dass man ein altes Automodell stets auf mindestens ein späteres Jahrzehnt einschätzt, als es tatsächlich gebaut wurde, gehört zu den schönsten Komplimenten, die man einem Designer machen kann. So geht es wohl jedem mit dem NSU Ro 80, geformt von Claus Luthe. Das extrem aerodynamisch und keilförmig gestylte Auto kam bereits 1967 auf den Markt und beeinflusste das Design bis tief in die 1980er Jahre. Die technische Besonderheit war dagegen weniger erfolgreich: Der Ro 80 besaß einen Zweischeiben-Wankelmotor, der letztlich für den Serienbau noch nicht wirklich ausgereift war – auch wenn Zeitgenossen ihn auf Langstrecken dem Hubkolbenmotor für ebenbürtig oder sogar überlegen erachteten. Zwar genossen Eigner ziemlich schnell die unvergleichliche Laufkultur, aber viele Leckagen trübten den Spaß an der futuristischen Limousine. Kult alleine ist schon die Geschichte, dass sich Ro 80-Fahrer angeblich mit einen definierten Anzahl von erhobenen Fingern grüßten, mit denen sie signalisierten, wie viele Motoren sie schon verschlissen hatten. Das gehört natürlich ins Reich der Legende. Oder?

NSU RO 80	
Bauzeit:	1967 – 1977
Motor:	Zweischeiben-Wankel
Hubraum:	2 x 497,5 cm³
Leistung:	115 PS
Antrieb:	Vorderräder
Gewicht:	1280 kg
V_{max}:	176 – 181 km/h

NSU PRINZ TT/TTS

Anfang der 1970er Jahre waren die meisten Heckmotor-Limousinen echte Auslaufmodelle. Das traf auch auf den NSU Prinz zu, der seit 1964 als 1000, TT und TTS gebaut wurde (ab 1967 entfiel der Beiname „Prinz“). Dennoch gab es für das starke und überraschend agile Auto im Badewannen-Design mit den markanten Doppelscheinwerfern vorne eine Menge Fans. Das 1,1 Liter große Triebwerk mit 55 PS sorgte für ein Top-Tempo von 148 km/h, und die testenden Redakteure lobten damals die gute Handlichkeit der nur 680 Kilo schweren Neckarsulmer Limousine. Eigner allerdings merkten bald, dass der Motor leicht überhitzte, so dass sie immer öfter die Heckklappe als Zwangsentlüftung aufstellten. 1967 bekam der TT einen 1,2-Liter-Vierzylinder und durfte nun mit 65 PS auf die Straße. Vom ersten TT baute NSU gut 14.000 Stück, vom stärkeren Pendant fast 50.000 Exemplare. Im Juli 1972 war Schluss mit lustig. Der Autokatalog vermerkte zu diesem Zeitpunkt: „Der Niedergang der Marke NSU ist ein geplanter, nicht sowieso unabwendbar gewesener Austrocknungsprozess“. Vergessen wurde der TT trotzdem nicht. Rennfahrer Willi Bergmeister wurde noch 1974 auf einem Jägermeister-TT Bergmeister.

NSU PRINZ TT/TTS	
Bauzeit:	1964 – 1972
Motor:	Vierzylinder
Hubraum:	1085 cm^3, 1177 cm^3
Leistung:	55 PS, 65 PS
Antrieb:	Hinterräder
Gewicht:	680 kg
Vmax:	148 km/h, 160 km/h

SPECIAL: MONDAUTO APOLLO 15 LUNAR ROVER

Zugegeben – es ist nicht jedermanns Sache, sich über ein Top-Tempo von 18 km/h zu freuen und sich mit einem Durchschnittstempo von acht km/h vollauf zufrieden zu geben. Und das auch noch etwa 384.400 Kilometer von zu Hause entfernt. Trotzdem machte ein Faltauto Furore, das genau das schaffte: der Lunar Rover der Raumfahrtmission Apollo 15 im Jahr 1971. Die Astronauten David Scott und James Irwin hatten erstmals ein Auto mit auf den Mond genommen, um – allerdings mit wissenschaftlichem Auftrag – an der Headley-Rinne vorbei zu düsen, die Appenninen-Berge zu erklimmen und ein paar Krater zu umrunden. Vor den USA fuhren allerdings die Russen auf dem Mond: Die unbemannte Station „Luna 17" brachte 1970 „Lunochod 1" ins „Meer des Regens" (Mare Imbrium). Das Gerät besaß acht Räder, jedes wurde von einem Elektromotor angetrieben. Es war immerhin zehn km/h schnell.

Der amerikanische „Pkw", dessen Aufbau nach dem Flug 26 Minuten dauerte, erlaubte den Raumfahrern ein wesentlich größeres Operationsgebiet, als es die Fußgänger vor ihnen besaßen. Nur einmal streikte kurz die Lenkung, aber letztlich erwies sich der Lunar Rover als absolut zuverlässig. Das lag auch daran, dass er zweckgebunden puristisch ausgestattet war: Nylonpolsterstühle, keine Karosserie, Drahtgeflechte als Reifen, Kotflügel aus Fiberglas, das Cockpit ein Joy-Stick. Die gesamte 3,1 Meter lange Konstruktion wog nach irdischen Maßstäben nur 210 kg und konnte rund 450 kg schleppen. Angetrieben wurde es von vier je 0,25 PS starken Elektromotoren – jedes Rad besaß seinen eigenen. Die mitgeführten Silberoxyd-Zink-Batterien waren für die Energieversorgung zuständig. Tatsächlich benötigten die Piloten nicht die gesamte Energie: Nach Verlassen des Erdtrabanten wären noch 80 Kilometer Reichweite drin gewesen. Zum Glück, denn die Problematik der fehlender Ladesäulen betrifft nicht nur den Planeten Erde. Auch den nachfolgenden Apollo 16 und Apollo 17 standen je ein Mondauto zur Verfügung. Heute ist der Mond das größte Mondauto-Museum des Universums: Alle Vehikel wurden nach Gebrauch dort gelassen.

OPEL REKORD II SERIE D

Die neue Opel-Mittelklasse zeichnete Designer Chuck Jordan, ihr erster offizieller Name war „Serie II" – denn das „D" wies normalerweise auf Dieselmotoren hin, was Opel eigentlich nicht wollte. Allerdings baute Opel dann doch nicht nur Benzinmotoren in eine zwei- oder viertürige Stufenheck-Limousine sowie in ein hübsches Coupé, in eine Kombiversion ohne hintere Seitenscheiben und in einen drei- und fünftürigen Caravan ein: Ab 1973 boten die Rüsselsheimer dann doch Dieselmodelle an. Die waren ganz einfach an einem Buckel auf der Motorhaube erkennbar, denn der Selbstzünder baute wegen der obenliegenden Nockenwelle höher als der Benziner und brauchte dementsprechend unter der Haube mehr Platz. Ziel: Die Diesel-Taxi-Präsenz von Mercedes zu brechen. Das Marketing erhielt Verkaufsargumente, indem der 60-PS-Selbstzünder bei Versuchsfahrten zwei Weltrekorde und 18 internationale Bestmarken erzielte. Schon im September 1976 waren eine Million Stück des Rekord II verkauft – darunter immerhin gut 40.000 Diesel. Was allerdings bei weitem nicht reichte, Mercedes Taxi-Anteile abspenstig zu machen.

OPEL REKORD II SERIE D	
Bauzeit:	1971 – 1977
Motor:	Vierzylinder
Hubraum:	1698 – 2068 cm³
Leistung:	60 PS – 100 PS
Antrieb:	Hinterräder
Gewicht:	1065 – 1230 kg
V_{max}:	130 – 170 km/h

OPEL KADETT C GT/E

Der GT/E war Opels Top-Modell der dritten Kadett-Generation nach dem Weltkrieg. Nur 8660 Stück in gelbschwarzer Kriegsbemalung wurden verkauft, dazu kamen 2234 GT/E der gelbweißen 1000er-Serie von 1977 bis 1979. Ein Exemplar kostete 1977 erstaunliche 16.700 Mark. Dafür gab es anfangs einen 105 PS starken 1,9-Liter-Vierzylinder mit Einspritzung, der später durch einen 2,0-Liter-Motor mit derselben Zylinderzahl und ebenfalls mit Einspritzung, aber 115 PS, ersetzt wurde. In einer herrlichen Werbeanzeige lehnt ein ein blutjunger Walter Röhrl stolz am schwarz-gelben Rallye-Kadett (Bild rechts). Manche Blätter sprachen sogar von der „Volksdroge GT/E". Klar: Zumindest alle Kadett-Fans träumten vom Einspritzer, der als Homolagionsfahrzeug für die Gruppe 2 des Rallye-Motorsports gebaut wurde (1979 sicherte sich Opel aufgrund der vielen erfolgreichen Privatfahrer den Titel des Rallye-Markenweltmeisters). Der Motor stammte aus dem Rekord E, aufgepimpt unter anderem mit Bosch-L-Jetronic (später LH-Jetronic). Geschärft wurde der Opel mit einem ZF-Fünfganggetriebe, Sperrdifferenzial, einer verstärkten Kupplung, Bilstein-Gasdruckstoßdämpfern, strafferen Federn und 13 Zoll großen Fuchs-Felgen. Chrom gab es nicht, und die ab Werk verbauten Spoiler waren absolut dezent. Innen dominierten dünne Sportsitze und karges Interieur, Dämmung gab es kaum. Der GT/E rockte einfach ...

OPEL KADETT C GT/E	
Bauzeit:	1975 – 1979
Motor:	Vierzylinder
Hubraum:	1897 – 1979 cm³
Leistung:	105 – 115 PS
Antrieb:	Hinterräder
Gewicht:	910 kg
Vmax:	180 – 190 km/h

VD·38927

OPEL ADMIRAL B

Eigentlich gehörte der Opel Admiral B zu den absoluten Top-Modellen der Bundesrepublik – leider hat das weder jemand gemerkt noch gewusst. Opel hatte durch die kleineren Autos sein Billig-Image weg, und die qualitativ ausgezeichneten „großen Drei" (Kapitän, Admiral, Diplomat, kurz „KAD"-Modelle) kamen kaum dagegen an trotz großzügig amerikanischem Design und DeDion-Hinterachse. Top-Modell der Top-Baureihe war der Diplomat V8, am meisten gekauft wurde jedoch der Admiral mit 2,8-Liter-Motor. Es war der letzte Versuch von Opel, die Aufsteiger der Republik mit dicken Limous samt sänftenartigem Fahrgefühl in der Oberklasse als Kunden zu gewinnen. Was nicht ankam, war das Design, sooooo amerikanisch wollten es die recht konservativen Opelaner dann doch nicht haben. Auch den „Luxus" nahmen die Deutschen Opel nicht so recht ab, zumal die drei Modelle auch keine echten Innovationen boten. Sie blieben somit leider der Mercedes für Möchtegerne. Sie hätten allerdings besseres verdient.

OPEL ADMIRAL B	
Bauzeit:	1969 – 1977
Motor:	Reihensechszylinder
Hubraum:	2784 cm³
Leistung:	129 – 165 PS
Antrieb:	Hinterräder
Gewicht:	1475 – 1690 kg
V_{max}:	170 – 190 km/h

OPEL MANTA A

Wie sich das Image eines Autos durch Film, Funk und Fernsehen sowie Flurfunk verändern kann, musste der Opel Manta erfahren. Zuerst begeisterte die rassige Coupé-Form die Kunden, speziell zum Beispiel auch die runden kleinen Rücklichter. Dabei war das Coupé eine Mixtur aus diversen Teilen, die sich sowieso im Opel-Regal befanden. Wer Luxus wünschte, konnte zur Berlinetta-Ausstattung greifen. Ab 1974 gab es sogar eine scharfe Manta GT/E-Version mit 105 PS starkem Einspritzmotor. Obwohl es nur ein Nischenauto war, verkaufte Opel rund eine halbe Million Stück. Blieben die ersten Manta von Witzen über das vermeintlich niedrige geistige Niveau ihrer Piloten verschont, traf es das Auto (und seine Fahrer) später umso schlimmer – dazu verhalfen der Till-Schweiger-Streifen „Manta, Manta" genauso wie Neue-Deutsche-Welle-Songs wie „Manta" von „Norbert und den Feiglingen“. Es folgen jede Menge Sprüche über Fuchsschwänze an Antennen und jahrelang Manta-Witzchen a la: „Warum hat ein Manta-Fahrer immer einen Strohballen auf dem Beifahrersitz? Hauptsache blond ...“ Alleine die sind so dämlich, dass sie heute auf ihre Art Kult sind ...

OPEL MANTA A	
Bauzeit:	1970 – 1975
Motor:	Vierzylinder
Hubraum:	1196 – 1897 cm^3
Leistung:	60 – 105 PS
Antrieb:	Hinterräder
Gewicht:	950 – 970 kg
V_{max}:	135 – 160 km/h

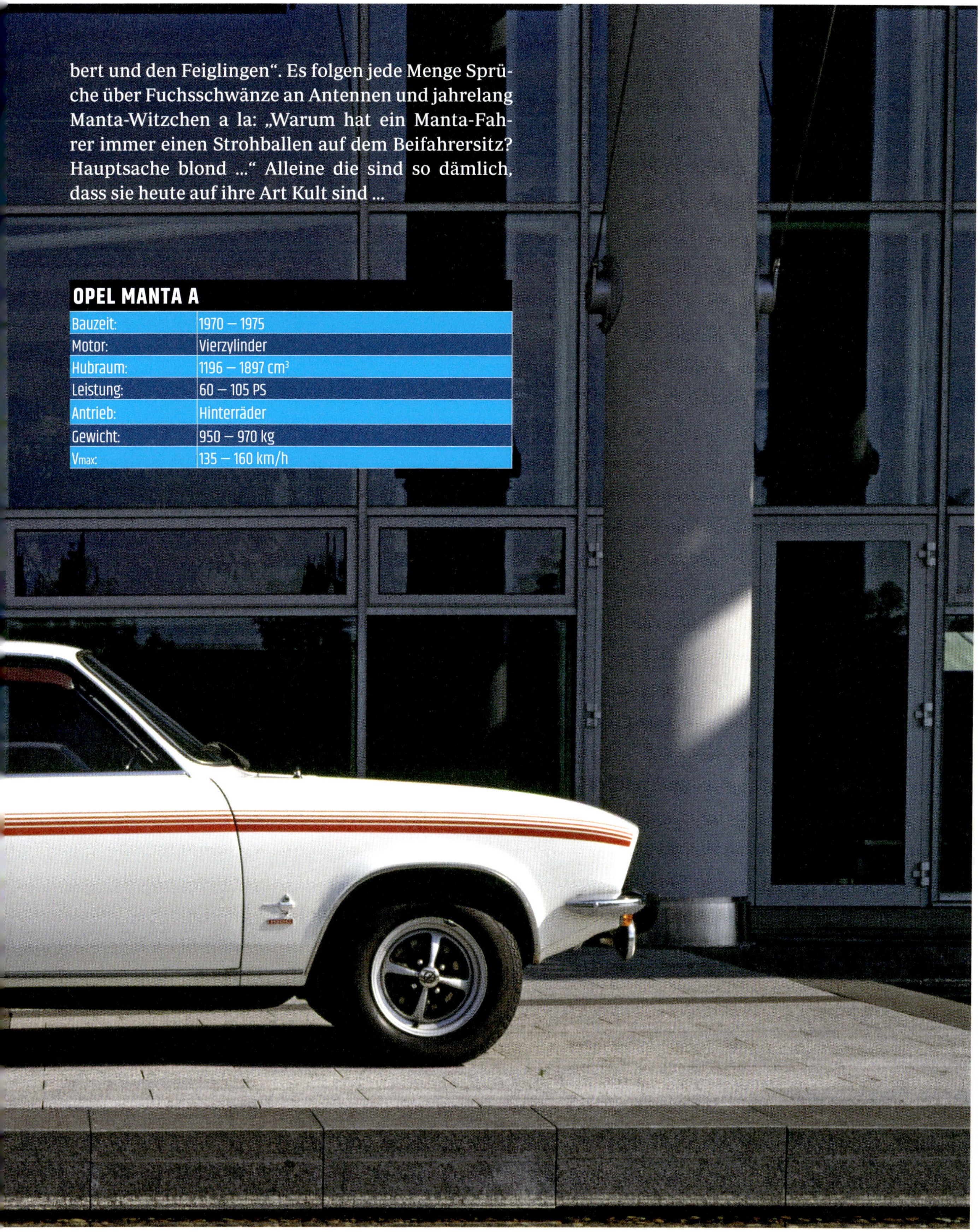

OPEL GT

Manchmal macht es doch Sinn, wenn möglichst viele Menschen nach der Präsentation eines Show-Cars auf einer Messe rufen: „Baut ihn, baut ihn!" Wie beim Opel GT, der eigentlich nur als „rollendes Experimentallabor" auf der IAA 1965 stand. Ab 1968 konnte man so einen GT kaufen mit dieser unerhört frechen, bei der Corvette (aus dem gleichen Mutterhaus GM) abgekupferten Karosserie mit Hüftschwung und Klappscheinwerfern. Anfangs war er mit 11.800 Mark fair bepreist, denn unter dem Sport-Kleid steckte „nur" bewährte Kadett-B-Rallye-Technik. Von dem kam zum Beispiel der Basis-Vierzylinder, eingebaut als Frontmittelmotor, der 1,1 Liter Hubraum besaß und 60 PS anbot – was den meisten Kunden dann doch zu wenig war. Wesentlich beliebter war der Opel GT mit 1,9-Liter-Vierzylinder aus dem Opel Rekord, der mit 90 PS für sportliche Fahrwerte sorgte. Etwa 80 Prozent der mehr als 100.000 Mal gebauten GT wurden exportiert, die meisten in die USA. Als dort jedoch die Anforderungen an die Sicherheit bei Neuwagen neu definiert wurden, stoppte Opel die Produktion – vorbei war es mit dem Breitensport aus Rüsselsheim. Vorher jedoch heimste ein GT mit 95 PS starkem Turbodiesel noch 18 internationale und zwei Weltrekorde für Dieselfahrzeuge ein (kleines Bild).

OPEL GT	
Bauzeit:	1968 – 1973
Motor:	Vierzylinder
Hubraum:	1078 cm³, 1897 cm³
Leistung:	60 PS, 90 PS
Antrieb:	Hinterräder
Gewicht:	1395 – 1406 kg
V_{max}:	155 km/h, 190 km/h

PEUGEOT 504 CABRIO

Peugeot ist eine der wenigen Marken, die immer wieder versuchten, mindestens ein Cabrio im Modellprogramm anzubieten, oft sogar eines, das aus den mittelgroßen Limousinen abgeleitet war. Das war beim 404 Cabrio so, und das setzte sich im 504 Cabrio fort. Der 504 kam im Jahr 1968 zunächst als Limousine – natürlich vom Hausdesigner Pininfarina in Italien gezeichnet, allerdings im Peugeot-Werk in Sochaux gebaut. Ein Jahr später folgten das schnittige Coupé und das fast schon so extravagante wie elegante Cabriolet – beide galten bereits damals schon als zeitlos und wurden optisch kaum verändert bis zum Produktionsende 1983. Allerdings baute Pininfarina die Karosserien dieser beiden Versionen und nahm dafür zwar dickes, aber qualitativ minderwertiges Blech. Schade, denn das Auto wirkte wie aus einem Guss, die Proportionen waren extrem stimmig. Dafür kürzte Peugeot den Radstand gegenüber der Limousine um 19 Zentimeter. Zunächst gab es das schöne Cabrio nur mit Vierzylinder, später sorgte auch ein 2,7 Liter großer V6 für Vortrieb. Wurden insgesamt 2.658.514 Limousinen, 650.132 Kombis (Eigenname: Break) und 370.996 Pickups (!) gebaut, waren es nur 26.472 Coupés und ganze 8185 Cabriolets. Letztere waren im Jahr 1979 mit 30.000 D-Mark in Deutschland nur 450 Mark teurer als das Coupé.

PEUGEOT 504 CABRIO	
Bauzeit:	1969 – 1983
Motor:	Vierzylinder, V6
Hubraum:	1971 cm³, 2664 cm³
Leistung:	100 PS, 144 PS
Antrieb:	Hinterräder
Gewicht:	1220 kg
Vmax:	170 km/h, 190 km/h

PEUGEOT 404

Ganze 15 Jahre lang bot Peugeot den 404 an – ein schmuckes Auto mit angedeuteten Flossen am Heck, guter Übersichtlichkeit und großer Praktikabilität. Eben der „gallische Mercedes“, wie das Auto seit Jahren in der Branche genannt wurde. Seine damals hochmoderne Trapezform stammte aus dem Studio von Pininfarina, war also absolut italienisch. Lenkradschaltung und anfangs eine „Kraft“ von 53 PS galten zwar nicht als besonders avantgardistisch, die Federung mit vier McPherson-Federbeinen und die typisch weichen „Sessel“ dagegen schon. Kult wurde der 404 hauptsächlich durch seinen Ruf, fast anspruchslos und nahezu unverwüstlich zu sein. Der 404 wurde vor allem als Limousine verkauft, es gab ihn aber auch als Cabrio (knapp 7000 Stück) und als Kombi („Commerciale“). Noch heute werden Exemplare – gerne als Pick-Up-Version – zum Beispiel in Afrika durch den Sand gescheucht.

PEUGEOT 404	
Bauzeit:	1960 – 1975
Motor:	Vierzylinder
Hubraum:	1469 – 1948 cm³
Leistung:	53 – 88 PS
Antrieb:	Hinterräder
Gewicht:	1100 – 1250 kg
V_{max}:	110 – 160 km/h

PORSCHE 911

Mehrere legendäre Porsche-Modelle auf so einem kleinen Raum zu würdigen ist wie Ferdinand Porsche als Mechaniker zu bezeichnen. Nachdem ab 1964 der Nachfolger des 356 als A-Modell in der Sportwagenwelt einschlug wie eine Bombe, legte Porsche mit der nächsten Serie 1968 nach. Die B-Serie mit 911 E, T und S wurde 1968 bis 1971 angeboten, es folgten E-und F-Serie von 1971 bis 1973 und der 911 Carrera RS (1972-1975), der sich mit 210 PS und einem „Entenbürzel" als Heckspoiler auf und neben der Rennstrecke Meriten verdiente. Das berühmte G-Modell steht eigentlich nur für das Produktionsjahr 1973, gilt aber als Synonym für das Facelift-Modell des 911 ab 1973 bis 1977 (obwohl jedes Jahr seinen eigenen Buchstaben bekam). Die Faltenbälge an den Stoßfängern waren nicht jedermanns Sache, und dass der 911 um zehn Zentimeter gewachsen war sowie das den Heckcharakter verändernde hintere Leuchtenband gefiel optisch auch nicht jedem. Die luftgekühlten Sechszylinder-Boxer erreichten jedoch nun zwischen 150 und 200 PS, und schnell wurde der erneuerte 911 zur Benchmark und damit zur Ikone. Ab 1975 (I-Serie) bekam der 911 feuerverzinkte Bleche, was ihn (bis heute) extrem langlebig machte. Das K-Modell (911 SC) wurde von 1977 bis 1983 mit bis zu 204 PS als würdiger Abschied des 911 vor dem Nachfolger 928 angeboten — zum Glück kam es anders.

Ein Sonderfall war der Porsche turbo. Mit ihm wagten sich die Stuttgarter 1975 erstmals in das heiße Segment der Supersportwagen. Der Boxermotor besaß drei Liter Hubraum, und ein Turbolader befeuerte ihn zusätzlich mit komprimierten Frischgasen. Das „Turboloch" war groß: Bis der Turbolader auf den Gasbefehl reagierte, benötigte er eine längere

Gedenksekunde, und dann stieg schlagartig die Leistung. Das machte die dadurch zur fast unberechenbar gewordene Heckschleuder zumindest bei Nässe fast unfahrbar, aber auch bei Trockenheit konnten nur versierte Piloten damit umgehen.

Zunächst leistete der Motor 260 PS und der Zuffenhausener Sportler kostete satte 21.000 Mark mehr als das bisherige Top-Modell, der 911 Carrera 2,7. 1977 drehte Porsche nochmal an der Leistungsschraube und bot den Boliden mit Ladeluftkühler, 3,3 Liter Hubraum und 300 PS an. Zunächst gab es ihn nur als Coupé, erst 1987 gesellten sich Cabrio und Targa-Varianten hinzu.

PORSCHE 911 — G-MODELL	
Bauzeit:	1973 – 1977
Motor:	Sechszylinder-Boxer
Hubraum:	2687 cm^3, 2993 cm^3
Leistung:	150 PS, 210 PS
Antrieb:	Hinterräder
Gewicht:	1075 – 1120 kg
V_{max}:	205 km/h, 235 km/h

PORSCHE 911 — TURBO	
Bauzeit:	1975 – 1989
Motor:	Sechszylinder-Boxer
Hubraum:	2993 cm^3, 3299 cm^3
Leistung:	260 PS, 300 PS
Antrieb:	Hinterräder
Gewicht:	1140 – 1335 kg
V_{max}:	220 km/h, 270 km/h

PORSCHE 924

Mitte der 70er Jahre wollte Porsche unbedingt abkehren von der Einmodell-Politik. Die Wahl fiel auf nagelneue „Transaxle"-Modelle – Motor vorne, Getriebe hinten. Den Einstieg bildete der Porsche 924, ein nettes kleines Coupé mit Schlafaugen, großer verglaster Heckklappe und überarbeitetem Reihenvierzylinder aus dem Audi 100. Für 23.000 Mark gab es einen modernen, sportlichen Zweisitzer mit sechsjähriger „Langzeitgarantie". Doch die deutschen Kunden reagierten zögerlich, was nicht zuletzt am neuerlichen Audi-und-VW-Stallgeruch lag – hatte man doch noch das ungeliebte Projekt VW-Porsche 914 im Hinterkopf. Selbst als der 924 im Jahr 1979 mit Turbolader und dann statt 125 mit 177 PS für rund 40.000 Mark kam, weil die potentielle Kundschaft oft die mageren 125 PS als Grund anführte, den 924 links liegen zu lassen, blieb der kleine Porsche hierzulande ein Stiefkind. Nicht so im Ausland: Tatsächlich war der erste Frontmotor-Porsche eine zeitlang weltweit der meistverkaufte Sportwagen.

PORSCHE 924	
Bauzeit:	1976 – 1985
Motor:	Vierzylinder
Hubraum:	1984 cm³
Leistung:	125 PS, 177 PS
Antrieb:	Hinterräder
Gewicht:	930 – 1190 kg
V_{max}:	195 km/h, 230 km/h

PORSCHE 928

Mit dem großen Transaxle, dem 928, traten die damaligen Porsche-Verantwortlichen nun voll ins Fettnäpfen – und kamen glimpflich wieder heraus. Denn sie präsentierten den bulligen und aufgepumpten „924" nicht nur mit völlig ungewohntem V8 unter der vorderen Haube, sondern vor allem als Nachfolger des 911. Das ging völlig daneben – nicht nur Porsche-Fans waren entsetzt. Dabei war die Technik vom Feinsten: Der V8 lieferte zunächst starke 240 PS, der Sportler besaß eine vorspursteuernde Hinterachse („Weissach-Achse"), energieabsorbierende und regenerationsfähige Stoßfänger, ein mit dem Armaturenbrett gekoppeltes höhenverstellbares Lenkrad. Statt Verzicht gab es Luxus, was den großen 2+2-Sitzer allerdings auch rund 1,5 Tonnen schwer machte und mit 55.000 Mark auch recht teuer. Ungewöhnlich zum Beispiel die Sonnenblenden hinten – sie waren nicht für eventuelle (kleine) Fondpassagiere gedacht, sondern damit der Fahrer nicht durch die Sonne geblendet wurde, wenn sie durch die große gläserne Heckklappe scheinen sollte. Der 928 wurde 1978 als erster Sportwagen von einer Fachjury zum „Auto des Jahres" gekürt. 1979 stellte Porsche dem 928 eine 300 PS starke S-Version für sagenhafte 73.000 Mark zur Seite. Erst 1995 war Schluss – da trieb den 928 inzwischen ein 350 PS starker 5,4-Liter-V8 an.

PORSCHE 928	
Bauzeit:	1977 – 1995
Motor:	V8
Hubraum:	4474 – 5397 cm³
Leistung:	240 – 350 PS
Antrieb:	Hinterräder
Gewicht:	1450 – 1640 kg
V_{max}:	225 – 255 km/h

RELIANT REGAL

Reliant – 1935 gegründet – war ein echter Dreiradspezialist. Weil Besitzer solcher skurrilen „Autos" in Großbritannien unter anderem wesentlich weniger Kfz-Steuern zahlen mussten, war der Markt zunächst groß. Baute „Der Zuverlässige" zunächst nur Transportfahrzeuge, versuchte man sich ab 1955 auch in der Personenbeförderung. Bekannt (und damit schnell zum Kult) wurde hierzulande der Reliant Regal als unschuldiges Vehikel, das ständig den Weg des Minis des so spießigen wie wortkargen, bauernschlauen und hinterlistigen „Mr. Bean", gespielt von Aston-Martin-Fan Rowan Atkinson, kreuzte. Bean schob den Winzling ständig zum Beispiel in eine Parkverbotszone, um an seinen legalen Parkplatz zu kommen, rammte ihn oder kippte ihn auch mal um. Dabei hatte das kleine Plastikwägelchen mit Aluminiummotor aus eigener Produktion, der maximal 29 PS leistete, gar nichts falsch gemacht ...

RELIANT REGAL	
Bauzeit:	1963 – 1973
Motor:	Vierzylinder
Hubraum:	598 – 700 cm³
Leistung:	24 – 29 PS
Antrieb:	Hinterräder
Gewicht:	406 kg
V_{max}:	103 km/h

RELIANT SCIMITAR GTE

Ab 1958 baute Dreiradspezialist Reliant auch vollwertige Autos mit vier Rädern. Und kam 1968 mit einem Hammer: Der Reliant Scimitar GTE war einer der ersten Sportkombis der Welt – ein echter „Shooting Brake". Mit bis zu 136 PS aus einem Dreiliter-V6 war der schöne Wagen ordentlich motorisiert, zumal er dank einer Glasfaserkarosserie auch nicht schwer war. Der Ford-Essex-Motor beschleunigte den Wagen bis auf fast 200 km/h. Der orientalische Krummsäbel („Scimitar") blieb aber wegen der hierzulande wenig bekannten Herstellerfirma mit nur knapp 6000 gebauten Exemplaren ein Exot – zumal die Verarbeitungsqualität auch eher einer typischen kleinen englischen Firma entsprach. In Deutschland wurde der frühe Lifestyle-Kombi leider nie angeboten. Ein Schelm übrigens, wer denkt, Volvo hätte sich bei seinem berühmten Shooting Brake 1800ES von 1971 mit dem Spitznamen „Schneewittchensarg" an den britischen Vorgaben orientiert ...

RELIANT SCIMITAR GTE	
Bauzeit:	1968 – 1975
Motor:	V6
Hubraum:	2495 cm³, 2994 cm³
Leistung:	121 PS, 136 PS
Antrieb:	Hinterräder
Gewicht:	1207 kg
V_{max}:	175 km/h, 195 km/h

RENAULT 4

Neben dem 2CV von Citroën gehörte der erstmals 1961 präsentierte R4 in den 70er Jahren stets zu der Auswahl von preisgünstigen Gebrauchtwagen, die arme Studenten in die engere Wahl zogen. Wie die „Ente“ wurde der R4 über eine Revolverschaltung dirigiert, und mit bis zu 34 PS war er auch nicht wesentlich stärker. Die Federung mit einzeln aufgehängten Rädern war ähnlich, das Platzkonzept auch (kleiner Motor vorne, Vorderradantrieb, vier Türen), aber der R4 besaß eine große Heckklappe, die die Heckscheibe beinhaltete – jene musste bei der Ente an ihrem Platz bleiben, weil sie Teil des eigenwilligen Rolldach-Konzeptes war. Die Karosserie des R4 wirkte zudem stets fester und vertrauenserweckender als die dünne Blechhaut des Citroën. Auch war das Interieur nicht ganz so spartanisch gehalten wie bei dem Konkurrenten aus dem eigenen Land. Mit mehr als acht Millionen Stück und einer Modelllaufzeit von 30 Jahren hat sich der R4 den Kultstatus mehr als verdient.

RENAULT 4	
Bauzeit:	1961 – 1992
Motor:	Vierzylinder
Hubraum:	747 – 956 cm³
Leistung:	24 – 34 PS
Antrieb:	Vorderräder
Gewicht:	600 – 720 kg
Vmax:	105 – 120 km/h

NMS NC 29

RENAULT 16

Der R16 ist eines der wenigen Autos, die gefühlt nie großen Wind um sich herum gemacht haben, aber stets nicht nur praktisch und zuverlässig waren, sondern auch noch optisch interessant und sogar vorbildlich. Mit seinem Frontmotor, der praktischen Heckklappe und einem überzeugenden Innenraumkonzept samt umlegbarer Rücksitze stand er Pate für viele spätere Konkurrenten. Eine Autozeitschrift fasste die möglichen Sitzkonfigurationen passenderweise so zusammen: „Normale (im Alltag), Départ en Vacances (im Urlaub), Transport d'Objects Encombrants (für große Gegenstände), Transport Exceptionnel (für Sperrgut), Mamman (mit Baby), Rallye (zum Entspannen) und natürlich Couchette (zum Kuscheln)." Auch das sänftenartige Fahrwerk fand viele Freunde – die geniale Federung war möglich aufgrund von hintereinanderliegenden Torsionsstäben, die ihrer Lage geschuldet sehr lang ausgeführt waren. Mit dem Aluminium-Vierzylinder, der 55 bis 94 PS leistete, war das Mittelklassemodell passend motorisiert. Somit wurde es volle 14 Jahre produziert, was sich in mehr als 1,8 Millionen Stück niederschlug.

RENAULT 16	
Bauzeit:	1965 – 1979
Motor:	Vierzylinder
Hubraum:	1470 – 1647 cm^3
Leistung:	55 – 94 PS
Antrieb:	Vorderräder
Gewicht:	980 – 1060 kg
V_{max}:	140 – 165 km/h

RENAULT 5 (1. GENERATION)

Es war für Renault eine schwere Aufgabe, nach dem überaus erfolgreichen R4 einen ebensolchen Gassenhauer zu bauen. Das gelang den Franzosen jedoch perfekt mit dem R5, dem geschickte Marketingstrategen in der Werbung den Beinamen „der kleine Freund" gaben. Prompt erlagen besonders viele Frauen dem Charme des Kleinwagens, der die Vorzüge des R4 in die Moderne transferierte: Motor und Antrieb vorne, Radaufhängung an vereinfachten Torsionsstäben, Heckklappe, innen viel Platz, nicht so teuer und dank kompakter Abmessungen mit Chance auf einen Parkplatz sowohl vor der Uni als auch in der Einkaufsstraße. Dass er anfangs noch die Revolverschaltung besaß (andere Bezeichnung: Schiebestockschaltung), nahm ihm niemand übel – die wurde später durch eine etwas hakelige H-Schaltung mit Schalthebel in Wagenmitte ersetzt. Auch, dass es eine viertürige Version erst ab 1979 gab, schreckte niemanden. Neu waren eine selbsttragende Karosserie statt Plattformrahmen wie beim Vorgänger und Stoßfänger aus Kunststoff. Geschickt baute Renault das kleine Auto nach und nach als sportlichen Kumpel aus: 1975 zum Beispiel kam der R5 als „Alpine" mit einem 95 PS leistenden 1,4-Liter-Vierzylinder, der immerhin für eine Höchstgeschwindigkeit von 173 km/h sorgte. Später rüsteten die Franzosen den R5 übrigens mit bis zu 405 PS als Rennwagen auf – ganz schön fett für einen „kleinen Freund". Mit mehr als fünf Millionen verkauften Exemplaren gehört der R5 auf einen ganz großen Sockel der Automobilhistorie.

RENAULT 5 (1. GENERATION)	
Bauzeit:	1972 – 1984
Motor:	Vierzylinder
Hubraum:	845 – 1397 cm³
Leistung:	36 – 95 PS
Antrieb:	Vorderräder
Gewicht:	ab 735 kg
Vmax:	124 – 173 km/h

ROLLS-ROYCE SILVER SHADOW I & II / BENTLEY T-SERIES

Wer in den 1970er Jahren seinen Reichtum auf den normalen Straßen dieser Welt zeigen wollte, kam um einen Rolls-Royce nicht herum. Die britische Nobellimousine galt als der rollende Luxus schlechthin, besonders, wenn man sich chauffieren ließ – auch wenn jeder wusste, dass die Briten auf technischen Avantgardismus keinen Wert legten. Denn der Platz hinter dem ziemlich dünnen Volant war noch nie besonders einladend, allerdings spielte sich hinten das Leben der „oberen Zehntausend" ab. Sie schwelgten auch im nagelneuen Silver Shadow I ab 1965 (im Gegensatz zu den Vorgängern jetzt mit selbsttragender Karosserie) in Holz und Leder, genossen ihre Cohiba und den Chateau Mouton Rothschild und freuten sich über die berühmteste aller Kühlerfiguren, die „Spirit of Ecstasy". Der Silver Shadow wurde von einem modernen Aluminium-V8 mit gut sechs Litern Hubraum angetrieben, der so ruhig lief, dass man tatsächlich im Leerlauf eine Münze auf ihren Rand auf den Motor stellen konnte, ohne dass sie umfiel. Auf die Frage, wie viel Leistung er denn hätte, antwortete RR stets: „Genügend." Ob das wirklich britisches Understatement war oder doch die Angst bei Rolls-Royce, man könne sich über „nur" 178 PS mokieren, sei dahingestellt. 1970 kam eine überarbeitete Version als Silver Shadow II (siehe Foto) mit jetzt 6,75 Litern Hubraum und 200 PS, neuer Einzelradaufhängung hinten und einer besseren Bremse. Immerhin 29.000 Stück wurden von Serie I und II verkauft – plus ein paar baugleiche, aber nie so gefragte Bentley T und T2. Der Absatz lief so gut, dass ein Käufer im Jahre 1976 immerhin 24 Monate auf sein Wunschauto warten musste.

ROLLS-ROYCE SILVER SHADOW I & II / BENTLEY T-SERIES	
Bauzeit:	1965 – 1980
Motor:	V8
Hubraum:	6230 cm³, 6750 cm³
Leistung:	zirka 178 PS, 200 PS
Antrieb:	Hinterräder
Gewicht:	2061 kg
V_{max}:	180 km/h, 195 km/h

RANGE ROVER

RANGE ROVER	
Bauzeit:	1970 – 1993
Motor:	Vierzylinder, V8
Hubraum:	2393 – 3947 cm^3
Leistung:	112 – 202 PS
Antrieb:	Allrad
Gewicht:	1723 – 2075 kg
V_{max}:	148 – 180 km/h

Der Werdegang des ersten Luxus-Geländewagens der Welt galt schnell als ausgesprochen steinig. Denn eigentlich war der Range Rover – zunächst „Velar" genannt – beim ersten öffentlichen Auftritt noch gar nicht fertig. Doch der Land-Rover-Chef Sir Donald Stokes hatte den Aktionären versprochen, alle sechs Monate ein neues Auto zu präsentieren, und daran hielt er sich. Rund vier Monate vor der eigentlichen Entwicklungsplanung warf er den ersten Luxus-Geländewagen auf den Markt, allerdings sehr zum Missfallen der Ingenieure. Der Wagen hatte keinen Aschenbecher und Anzünder, der Automatik-Choke fehlte, der Staubschutz war mangelhaft, die Federraten nicht festgelegt, für die geplante Alu-Karosserie gab es noch keine korrekten Werkzeuge. Der Range Rover wurde dennoch ein Erfolg, auch wenn es ihn bis 1981 nur als Zweitürer gab, damit die Karosserie wenigstens eine gewisse Grundsteife aufweisen konnte. Dazu gab es Stoffbezüge innen, keine Klimaanlage, Starrachsen, aber Allradantrieb, eine horizontal zweigeteilte Heckklappe (oben Scheibe, unten Blech) und Platzverhältnisse wie im Spiegelsaal eines Schlosses. Einzig verfügbarer Antrieb war anfangs ein V8 von Buick mit 135 PS. So schafft man Legenden ...

ROVER 3.5 LITRE (P5B)

Der Rover 3.5 Litre galt als „poor mans Rolls-Royce“ – also der Rolls-Royce der armen Leute. Das hätte mal die Queen hören sollen: Die Monarchin liebte ihre zwei Exemplare durchaus. Der österreichische Bundeskanzler Bruno Kreisky schwor auf die stets unterschätzte Oberklassensänfte, die britischen Premiers Harald Wilson, Edward Heath und James Callaghan sowieso. Und selbst die Eiserne Lady Margaret Thatcher soll in so einem Auto zum Amtsantritt gefahren sein – auch wenn sie danach Jaguar präferierte. Der Rover war in der Upper Class durchaus sozialverträglich. Mehr als das: Er war begehrt. Dieser Effekt war auch nicht weiter verwunderlich, denn ein bisschen aristokratisch sah er schon aus, der edle Brite. Er fuhr viel Holz und Leder mit sich herum (ins Armaturenbrett war sogar eine Schublade mit reichhaltigem Werkzeug für den Chauffeur eingelassen), war ausschließlich mit Automatik bestückt und bekam 1968 einen 161 PS starken V8 von Buick unter die Haube. Damit ist auch die interne Modellbezeichnung hergeleitet, bei der P5 für den Typ und B für Buick steht. Der Motor war nicht nur um 91 Kilo leichter als der vorher benutzte Reihensechszylinder, sondern mit 158 PS auch stärker. Kultstatus aber erreichte der P5, weil Rover ihm schließlich ein Stück des hinteren Dachteils raubte und ihn somit zum ersten viertürigen Coupé machte – lange bevor Mercedes, BMW und andere mit der Idee kamen.

ROVER 3.5 LITRE (P5B)	
Bauzeit:	1968 – 1973
Motor:	V8
Hubraum:	3532 cm³
Leistung:	158 PS
Antrieb:	Hinterräder
Gewicht:	1587 kg
V_{max}:	190 km/h

SIMCA RALLYE 1, 2 & 3

Als junge Leute noch „Halbstarke" genannt wurden, brachte Simca genau für die Klientel den Simca 1000 in der Version „Rallye" (Bild oben) – als Homologationsfahrzeuge für bei Rallyes einzusetzende reine Rennwagen. Klar, dass die Straßenfahrzeuge aggressive Optik, Spoiler und gute Fahrwerke besaßen. Die Power-Kleinwagen waren wendig, hatten viel Platz für Gepäck unter der Fronthaube, galten aber als nicht leicht zu fahren aufgrund des Heckmotors und der in den jüngsten Versionen der leichten Flitzer verbauten Kraft. So beglückte der im Jahr 1972 erschienene Rallye 2 (Bild oben rechts) seinen Fahrer mit 82 PS, während der 103 PS starke Nachfolger Rally 3 (Bild unten rechts) bei gerade mal 870 kg seinem Piloten viel Konzentration abverlangte. Vom Rallye 3 wurden nur 1000 Stück gebaut, davon 80 Prozent in Weiß. Innen war das Modell ziemlich schmucklos, die Schalter schienen aus dem Baumarkt zu stammen. Das Vierganggetriebe war eng gestuft, die Lenkung sehr direkt ausgelegt. Die Vorderachse hing an Querblattfedern mit Koni-Dämpfern, hinten arbeiteten Dreieckslenker mit Spiralfedern, Querstabilisatoren und Konis. Vier Scheibenbremsen sorgten für die passende Verzögerung. Dem deutschen TÜV war diese kleine Kiste mit kraftvollem 1,3-Liter-Vierzylinder allerdings zu scharf – er ließ das Auto in Deutschland nicht auf die Straße.

SIMCA RALLYE 1, 2 & 3	
Bauzeit:	1961 – 1978
Motor:	Vierzylinder
Hubraum:	1294 cm^3
Leistung:	60 – 103 PS
Antrieb:	Hinterräder
Gewicht:	870 kg
V_{max}:	115 – 183 km/h

Rallye 2
RALLYE 2

SAAB 96

Der Saab 96 (als Kombi: Saab 95) ist ein Ei – sorry: Kind – der 60er, das erst in den 70er Jahren erwachsen wurde. Erste Meriten erwarb das Auto bereits 1962, als Eric Carlsson zweimal damit die legendäre Rallye Monte Carlo gewann. Zunächst besaß das Stromlinien-Modell des schwedischen Flugzeugherstellers einen Dreizylinder-Zweitaktmotor. Sein Kindchenschema-Gesicht wich im Jahr 1964 einer weiterentwickelten Front. 1966 zog der V4 aus dem Ford Taunus unter die Motorhaube – das machte den Wagen mit 7800 Mark um 1000 Mark teurer als den Vorgänger, doch die Presse zeigte sich begeistert von dem neuen Antrieb. 1969 brachte ein Facelift eckige Scheinwerfer, die dem Wagen ausgesprochen gut taten. Innen wurden nun unter anderem Dreipunktgurte angeboten. Sicherheit stand bei den Schweden sowieso immer im Vordergrund: So war das Armaturenbrett von Anfang an gepolstert. Obwohl Saab immer als schwedischer Außenseiter galt, verkauften sich 96 und 95 gut: Knapp 550.000 Saab 96 und mehr als 110.000 Kombis wurden gebaut.

SAAB 96	
Bauzeit:	1960 – 1980
Motor:	Dreizylinder-Zweitakter, V4
Hubraum:	841 cm³, 1498 cm³
Leistung:	38 PS, 68 PS
Antrieb:	Vorderräder
Gewicht:	950 kg
V_{max}:	125 km/h, 145 km/h

TATRA T 613

Einst war Tatra ein höchst innovativer Autohersteller dank seines einflussreichen Konstrukteurs namens Hans Ledwinka. Der setzte schon in den 1920er Jahren auf Zentralrohrrahmen, luftgekühlte Heckmotoren, Stromlinienform und Einzelradaufhängung. Die charakteristischen Details sind wenigstens zum Teil noch im letzten großen Tatra zu finden, dem T 613, der ab 1969 gebaut wurde. Konstruktiv übernahm das große Automobil einiges von seinem Vorgänger 603 (der noch sechs Jahre lang parallel gebaut wurde) wie den V8-Motor im Heck, der nun aber 165 PS leistete. Die fast barocke, aber sehr strömungsgünstige Form des 603 entsorgte Vignale auf den Schrottplatz der Historie und zeichnete eine viel kantigere Karosserie, die – ganz ungewöhnlich für eine gut fünf Meter lange Limousine – mit einem Schrägheck endete. Das Fahrverhalten zeigte sich stark verbessert unter anderem aufgrund der jetzt verbauten hinteren Schräglenkerachse. Die Parteioberen der Tschechoslowakei jedenfalls nutzten den Tatra T 613 gern als repräsentative Kutsche.

TATRA T 613	
Bauzeit:	1969 – 1983
Motor:	V8
Hubraum:	3495 cm³
Leistung:	165 PS
Antrieb:	Hinterräder
Gewicht:	1670 – 1870 kg
V_{max}:	195 km/h

TOYOTA LAND CRUISER BJ 40

Es gibt nicht viele Autos, die dem Jeep oder den Land Rover der ersten Serien das Wasser reichen können – der Toyota Land Cruiser aber gehört dazu. Toyota orientierte sich beim Bau des japanischen Geländewagens 1951 an einem Bantam – nicht wissend, was für eine Erfolgsgeschichte ihr Auto werden würde. Denn der Toyota galt schnell als robust und ähnlich fähig wie die Konkurrenz. Bis 1972 waren schon 200.000 Land Cruiser verkauft worden. Mit dem Modell J40 wurde Toyota ab 1977 auch in Deutschland bekannt: Es stand für den wirtschaftlichen Aufschwung der Japaner, war einfach zu warten und wurde professionell vermarktet – und er war mehr Sein als Schein. Denn die äußere Hülle war eigentlich nur dazu da, diejenigen innen drin zu schützen und das „Draußen" auch dort zu lassen. Man konnte ihn wahlweise mit vier Radständen bekommen (inklusive Halbbruder „Bandeirante" sogar sieben), mit Soft- oder Hardtop, als komplettes Buschtaxi, als 13-sitzigen „Troop Carrier" (ab 1976 besonders für Australien), Pick-up oder Station Wagon. Als Motoren standen sowohl Diesel- aus auch Benzinvarianten zur Verfügung. Bei uns besonders bekannt: Der BJ40 – das bedeutete Dreiliter-Vierzylinder-Diesel, 76 PS und ein Radstand von 2285 Millimeter.

TOYOTA LAND CRUISER BJ 40	
Bauzeit:	1960 – 1984
Motor:	Vierzylinder, Reihensechszylinder
Hubraum:	2977 – 4230 cm³
Leistung:	76 – 125 PS
Antrieb:	Allrad
Gewicht:	k. A.
V_{max}:	110 – 155 km/h

TOYOTA CELICA

Mit dem Mittelklasse-Sportcoupé Celica traf Toyota durchaus den Geschmack der europäischen Kunden – auch den der deutschen, die ab 1972 in den Genuss des Toyota kamen. Waren in Japan genau 28 Motoren- und Ausstattungskombinationen zu haben, bekam man hierzulande gerade mal eine: die LT-Version mit 79 – 120 PS. Bald darauf gab es aber eine 86-PS-Variante. Um Geld zu sparen, wurde das Sportcoupé auf demselben Band gebaut wie die Limousine namens Carina. Die Qualität war ausgezeichnet, die Ausstattung mit vorderen Scheibenbremsen und handgeschaltetem Fünfganggetriebe hochwertig. Dabei blieb der Preis für den ausschließlich mit Vierzylinder-Motor lieferbaren Sportler absolut moderat. Als Topmodell startete ab 1973 der GT mit 108 PS, erst nach einem Facelift 1978 waren bis zu 120 PS zu haben. Als Verkaufsargument erwiesen sich übrigens die vollversenkbaren Seitenscheiben – keine B-Säule störte die klare Linie.

TOYOTA CELICA	
Bauzeit:	1970 – 1978
Motor:	Vierzylinder
Hubraum:	1588 cm³, 1986 cm³
Leistung:	79 – 120 PS
Antrieb:	Hinterräder
Gewicht:	940 – 1055 kg
Vmax:	165 km/h, 195 km/h

TRABANT 601

Kult-Autos müssen nicht schön sein, nicht schnell, nicht selten und auch nicht teuer – und können trotzdem mehr Einfluss auf die Gedankenwelt automobilinteressierter Kenner haben. Das beweist wohl kein anderes Gefährt besser als der Trabant 601. Auch wenn das DDR-Plasteauto respektlos als „Rennpappe" und „Plastik-Porsche" tituliert wurde – es gab wohl kein Auto, das von so vielen Menschen so begehrt war. Allerdings vor allem aufgrund von mangelnden Alternativen: Manche Käufer sollen von der Bestellung bis zu Auslieferung 13 Jahre gewartet haben. Sie bekamen dann einen knatternden Zweizylinder-Zweitakter, der höchstens 26 PS leistete, und eine gut brennbare Duroplast-Karosserie. Trotzdem wurden mehr als drei Millionen Exemplare verkauft. Bei der Maueröffnung 1989 schienen sie allesamt zu Besuch in den Westen zu rattern. Heute ist der Trabi nicht obwohl, sondern wegen seiner gesammelten Unzulänglichkeiten die unbestrittene (Ost-)Deutsche Kultkiste. Da kommt nicht mal der Wartburg 353 als DDR-Designerstück heran. Jedenfalls nicht ganz.

TRABANT 601

Bauzeit:	1962 – 1990
Motor:	Zweizylinder-Zweitakt
Hubraum:	500 cm^3, 590 cm^3
Leistung:	18 PS, 26 PS
Antrieb:	Vorderräder
Gewicht:	620 – 660 kg
V_{max}:	90 – 110 km/h

TRIUMPH TR6

TRIUMPH TR6	
Bauzeit:	1969 – 1976
Motor:	Reihensechszylinder
Hubraum:	2498 cm³
Leistung:	124 PS, 143 PS
Antrieb:	Hinterräder
Gewicht:	1030 kg
V_{max}:	200 km/h

Die einst große englische Marke Triumph hatte in den 70er Jahren alles – Tradition, bildschöne Roadster, einen guten Ruf. Nur eines besaß die Firma nicht: Geld. Erst recht nicht unter der Regentschaft von BLMC. Der Multikonzern steckte all seine Aufmerksamkeit in den Versuch, dass sich die Marken nicht gegenseitig kannibalisierten und vergaß, dass Tradition durch nichts zu ersetzen ist. Triumph machte zunächst das Beste daraus, nämlich den TR6. Er basierte auf dem von Michelotti gezeichneten TR4, und letztlich galt es nur, die Karosserie zu glätten und zu modernisieren, was Karmann in Sachen Produktion für Triumph tat. Der TR6 erhielt das 2,5 Liter große Sechszylindertriebwerk aus dem Zwitter TR5 (als USA-Ausführung TR250), der die Form des TR4 besaß, aber eben mit Sechszylinder bestückt war. Mit 143 PS konnte der TR6 schon sehr ordentlich mithalten, leider wurde die Kraft 1973 auf 124 PS gedrosselt – aus Emissionsgründen. Trotzdem setzte Triumph insgesamt fast 95.000 Stück des TR6 ab – einer der letzten echten britischen Roadster alter Prägung.

TRIUMPH SPITFIRE 1500

Sportwagen- und Roadster-Spezialist Triumph brachte bereits 1962 einen kleinen offenen, zweisitzigen Sportler und nannte ihn „Spitfire". Die Form stammte – wie auch beim TR4 – vom italienischen Altmeister Giovanni Michelotti, und er war es höchstselbst, der in der vierten Generation selber Hand an die zu straffende Karosserieform legte. Die Nase der Motorhaube, die sich wartungsfreundlich weit nach vorne öffnen ließ, verschmolz jetzt mit der Stoßstange, hinten erhielt der Spirfire sein charakteristisches Schwalbenschwanz-Heck. 1974 bekam der schwerer gewordene Roadster als 1500 einen 71 PS starken 1,5-Liter-Motor – kein Ausbund an Agilität, aber ausreichend für das nur gut 800 Kilo schwere Auto. So sehr ein Spitfire auch schon immer Spaß machte, so sehr bereitete er auch den Besitzern Sorgen: Die Qualität konnte nicht mit der eines TR6 mithalten. Dafür kostete er 1979 auch nur 13.000 Mark und wurde dementsprechend als „billiges Oben-ohne-Vergnügen" empfohlen.

TRIUMPH 1500	
Bauzeit:	1974 – 1980
Motor:	Vierzylinder
Hubraum:	1493 cm^3
Leistung:	71 PS
Antrieb:	Hinterräder
Gewicht:	735 – 815 kg
V_{max}:	160 km/h

VW 1303 LS CABRIO

Mein erster Käfer lief und lief und lief nicht. Er war Baujahr 1968, zehn Jahre alt, hellblau, und der Kolbenfresser passierte auf der ersten Autobahnfahrt. Ich wollte es nicht glauben – deswegen kaufte ich gleich wieder einen. Aber muss man sonst noch Worte verlieren über d e n VW? Ja, denn zum Beispiel muss erwähnt werden, dass das höchste Maß der Verzückung ein 1303 LS Cabrio im Sommer war – das absolute Top-Modell des einst beliebtesten Krabblers der Bundesrepublik, 1972 genau 8840 Mark teuer. Zum Gewinn der Fußball-WM schenkte VW den Akteuren sogar das Käfer-Cabrio-Sondermodell „World Cup '74". Jeder Nationalspieler durfte einen der grünschwarzen 50-PS-LS mit nach Hause nehmen, dem Volk blieben als Trost 300 Stück der geschlossenen Variante, die man aber ganz normal kaufen musste. Egal: Der Boxer schnarrte mit seinem so charakteristischen Sound im Heck, das Dach des Cabrios lag auf der hinteren Karosserie und verbot Rück-Sicht, und wenn das Seitenblech vor den hinteren Kotflügel mal wieder rostete, nun gut, es war eben ein Käfer, und die rosteten nun mal gerne dort. Unter anderem dort.

Lange war der Käfer mit 21,5 Millionen Stück das am meisten produzierte Auto der Welt, noch heute ist er mit rund 30.000 Stück einer der am häufigsten angemeldeten Oldtimer auf deutschen Straßen. Gut so.

VW 1303 LS CABRIO	
Bauzeit:	1972 – 1980
Motor:	Vierzylinder-Boxer
Hubraum:	1584 cm³
Leistung:	50 PS
Antrieb:	Hinterräder
Gewicht:	k. A.
Vmax:	127 km/h

VW TYP 181

Man kann auf militaristisch motivierte Entwicklungen schimpfen, so viel man will, aber manchmal – ganz manchmal – kommt auch etwas fürs Volk und nicht gegen ein Volk heraus. Wie der „Kübelwagen“ oder korrekt „VW Typ 181“, als Nachfolger des DKW Munga gedacht. Von der Bundeswehr als „Mehrzweck- und Kurierwagen“ in Auftrag gegeben, erfüllte diese seltsame Mixtur aus Käfer, Karmann Ghia und Bulli dann aber doch nicht so die Wünsche der Militärs, denn große Räder und eine Vorgelege-Übersetzung versprachen zwar etwas Geländegängigkeit, aber viel unebener als die Gehwege in der Lüneburger Heide durfte der Untergrund dann doch nicht sein. Umso mehr freute sich die freizeithungrige Spaßgesellschaft, der Luft vor Leistung ging: Keine Frontscheibe, keine Fenster, keine Bügel und nicht mal ein groß aufbauendes, zusammengelegtes Softtop minderten die Freude am Fahrtwind. Das Dach war nicht dicht, der Komfort minimal, nennenswerte Leistung nicht vorhanden – also das ideale Auto für den unangepassten Anfangdreißiger, der einer Ente entwachsen war, dem ein Escort Cabrio aber zu etabliert erschien. Besonders Amerikaner waren begeistert von der Badewanne auf Rädern – und weil sie das Auto nicht so recht in ihre automobilen Schubladen einordnen konnten, nannten sie es einfach „Das Ding“. Nur rund 15.000 Stück verschliss die Bundeswehr, der größte Teil des Rests von insgesamt knapp 141.000 gebauten Exemplaren wurde während der Freizeitgestaltung aufgerieben.

VW TYP 181	
Bauzeit:	1969 – 1979
Motor:	Vierzylinder-Boxer
Hubraum:	1493 cm³, 1584 cm³
Leistung	44 PS, 48 PS
Antrieb:	Hinterräder
Gewicht:	995 kg
V_{max}:	115 km/h, 120 km/h

VW BULLI T2	
Bauzeit:	1967 – 1979
Motor:	Vierzylinder-Boxer
Hubraum:	1584 – 1970 cm³
Leistung:	47 – 70 PS
Antrieb:	Hinterräder
Gewicht:	1285 kg
Vmax:	100 – 130 km/h

VW BULLI T2

Der allgemein als „VW-Bus“ oder „Bulli“ bezeichnete Transporter von VW, bereits als T1 1950 erstmals gebaut, ist eine Erfolgsgeschichte ohne Beispiel. Vom holländischen VW-Importeur Ben Pon einst in ein Skizzenbuch gezeichnet, machte sich das ziemlich rechteckige Auto schnell einen guten Namen als Alleskönner – mit Schiebetüren, Klapptüren, vielen Fenstern, wenig Fenstern, als Pickup, als ganz geschlossene Version, als Campingmobil und so weiter. Dabei gab es automobile Lastesel von anderen Herstellern, die mehr Platz boten, mehr Kraft und weniger kosteten. Nach 17 Jahren Laufzeit erlaubte VW sich ein Facelift mit technischer Auffrischung: Der T2 besaß nun eine durchgehende Frontscheibe, eine etwas anders gezeichnete Karosserie und einen Motor mit 47 PS (vorher 44 PS). 1970 kamen nochmal drei Pferdchen hinzu sowie unter anderem Scheibenbremsen an der Vorderachse und höher gebaute Blinker dazu. Malochten viele der Transporter in Deutschland zu jener Zeit noch kräftig in Firmen, hatten die Kalifornier den Bulli schon längst als perfektes Freizeitmobil für die freiheitssuchenden Blumenkinder akzeptiert, die ihre deutschen Kastenwagen oft bunt anmalten und mit dem komischen Gefährt aus der Alten Welt offen für freie Liebe plädierten. Übrigens: Die junggebliebenen Kalifornier fahren noch heute mit ihren T2 samt aufs Dach geschnallten Surfbrettern an den Beach.

VW 411

Man könnte meinen, VW habe in den 70er Jahren entweder Glück gehabt, die richtige Nase für die Wünsche der Kunden oder perfektes Marketing. Dabei werden weniger erfolgsverwöhnte, die Kundschaft durchaus polarisierende Produkte gerne vergessen, wie beispielsweise der im Volksmund gerne „Nasenbär" genannte VW 411, der die Bilanz der Niedersachsen arg beutelte. Das Auto hinter dem uncharmanten Kosenamen sollte den VW 1500 toppen, der wiederum die Abwanderung ehemaliger Käfer-Kunden stoppen sollte. VW-Chef Nordhoff vertrat die Überzeugung, dafür müsse man weiterhin einen luftgekühlten Boxermotor im Heck verstauen. Auch um die Größe einer imposanten Mittelklasse zu erreichen, geriet die Front unproportional lang. Die anfänglich verbauten, unvorteilhaften Glupschaugen kaschierten die wahrscheinlich selbst unglücklichen VW-Designer mit Doppelscheinwerfern, dem Ruf nach mehr Kraft folgten die Ingenieure mit einer Einspritzversion. Letztlich gelang es aber nicht, das von Anfang an strauchelnde Konzept und wenig gefällige Design zu retten. Nach sechs Jahren und 355.000 gebauten 411 und 412 (facegeliftete Version ab 1972, die ein Autokatalog mit dem Satz „Nasenbär bleibt Nasenbär ..." kommentierte) stellte VW die Produktion ein und hoffte auf schnelles Vergessen. Hat leider nicht geklappt: So einen kultigen Wolfsburger muss man auch heute noch auf bestimmte Art würdigen ...

VW BULLI T2	
Bauzeit:	1968 – 1974
Motor:	Vierzylinder-Boxer
Hubraum:	1679 cm³, 1795 cm³
Leistung:	68 PS, 85 PS
Antrieb:	Hinterräder
Gewicht:	1020 – 1120 kg
Vmax:	140 km/h, 160 km/h

1974

KARMANN GHIA (TYP 14)

Das muss man sich mal vorstellen: Da kam ein vielleicht nicht kleiner, aber gegenüber dem Marktmulti VW dann doch recht bescheidener Chef einer Karosserieschmiede und verlangte, dass ein VW nicht VW heißen möge. Und Nordhoff, der mächtige Chef der Wolfsburger, sagte Ja und Amen. Und so entstand er einzige VW, der nicht diesen Namen trug: der Karmann Ghia. Wilhelm Karmann hatte ohne VW-Wissen bei Ghia einen Käfer zum sportlichen Coupé umzeichnen und bauen lassen und Nordhoff das Ergebnis 1953 präsentiert.

Der war bass erstaunt und bewilligte den Serienbau. Denn die Basis war Käfer und nix als Käfer. 1955 war das Auto fertig – das Coupé kostete 7500 Mark, das Cabrio etwas später 8250 Mark. Im Laufe der Jahre wurden aus 30 irgendwann 50 PS, aber letztlich sah der Typ 14 immer schneller aus als er tatsächlich war. Das störte die Kundschaft nicht: Insgesamt wurden mehr als 360.000 Coupés und knapp 90.000 Cabriolets verkauft.

KARMANN GHIA (TYP 14)	
Bauzeit:	1955 – 1974
Motor:	Vierzylinder-Boxer
Hubraum:	1192 – 1584 cm³
Leistung:	30 – 50 PS
Antrieb:	Hinterräder
Gewicht:	820 – 950 kg
Vmax:	118 – 140 km/h

VW GOLF GTI (1. GENERATION)

Dass VW nach dem Käfer nochmal so eine Erfolgsgeschichte schreiben würde, damit rechnete wohl niemand, als die Wolfsburger 1974 den VW Golf präsentierten. Der plötzliche Tod von Heinrich Nordhoff im Jahre 1968 sollte sich dabei als Chance für Volkswagen erweisen. Denn schließlich trauerte die Stadt Wolfsburg nicht nur um ihren ersten Ehrenbürger, der luftgekühlte Heckmotor verlor zugleich einen seiner glühendsten Verfechter. Also schielte man bei Volkswagen geschickt zur Firmentochter Audi und bezog klugerweise den Gottvater aller Designer, Giorgio Giugiaro, in den Findungsprozess mit ein. Die Ingolstädter hatten mit dem 80 und dem 50 gezeigt, wo es technisch hingehen musste (wassergekühlter Frontmotor quer eingebaut, Frontantrieb, kompakte Maße), VW hatte bereits beim Passat gesehen, dass das gar nicht so falsch war. Die erste Generation Golf begründete nicht nur einen Neuanfang für VW, sondern stand Pate für ein ganz neues Segment – die Kompakten der Golf-Klasse. Mit fähigem Fahrwerk, guter Variabilität, enorm viel Platz auf nur 3,7 Metern Fahrzeuglänge und geschickten Derivaten wie dem Golf GTI, der 1975 mit fast schon unverschämten 110 PS und einem übergroßen Golfball als Schalthebelhandschmeichler der Schrecken aller Eltern von betuchten Abiturienten wurde, führte VW den Golf von Erfolg zu Erfolg. Dazu trug auch die Cabrioversion bei, die (1979 auf dem Genfer Salon präsentiert) wegen des feststehenden und für Verwindungssteife sorgenden Bügels zwischen den B-Säulen den zwar nicht liebvollen aber durchaus naheliegenden Kosenamen „Erdbeerkörbchen“ bekam. Allein vom Golf I in seiner normalsten Ausprägung wurden mehr als sechs Millionen Stück verkauft. Sorry, Welt, aber so ist es nun Mal: Du bist ohne den Golf nicht mehr vorstellbar.

VW GOLF GTI (1. GENERATION)	
Bauzeit:	1976 – 1983
Motor:	Vierzylinder
Hubraum:	1588 cm³, 1781 cm³
Leistung:	110 PS, 112 PS
Antrieb:	Vorderräder
Gewicht:	810 kg
Vmax:	183 km/h, 187 km/h

VW-PORSCHE 914

Dass man Porsche nie mit VW in einen Topf werfen sollte, erfuhren die Sportwagenbauer aus Stuttgart mit dem VW-Porsche 914. Dabei war das Konzept gar nicht so schlecht: Man nehme einen flachen Rumpf, bestücke ihn mit einem herausnehmbaren Dachteil, setze einen bewährten Motor vor die Hinterachse (in diesem Fall den Vierzylinder-Boxer aus dem VW 411E), lasse das alles bei Karmann bauen und biete es den sportlich orientierten VW- sowie den weniger solventen Porsche-Kunden an. Eine an sich tolle Idee, die aber ihren Erfolgsnachweis zumindest in Deutschland schuldig blieb. Auch wenn durchaus sportliche Fahrleistungen mit dem Zweisitzer, der keine Tonne wog, möglich waren – erst recht bestückt mit dem Sechszylinder aus dem Porsche 911 T, der 110 PS leistete und damit unter dem Namen „Porsche 914/6“ lief – konnten sich hierzulande nur wenige Besitzer mit ihm anfreunden.

VW-PORSCHE 914	
Bauzeit:	1969 – 1975
Motor:	Vierzylinder-Boxer, Sechszylinder-Boxer
Hubraum:	1679 – 1991 cm³
Leistung:	80 – 110 PS
Antrieb:	Hinterräder
Gewicht:	950 – 980 kg
V_{max}:	170 – 201 km/h

VOLVO P1800 ES

Volvo galten von jeher als vernünftige, sichere, zuverlässige Autos – das kann man auch als „Panzer" übersetzen. Mit dem Coupé P1800 zeigten die Schweden, dass sie auch ein feines Händchen für eine sportliche Version hatten. Aus dem schmucken und fast filigranen Zweisitzer entwickelten sie 1971 einen unverschämt reizvollen Shooting Brake: gestreckte Karosserie, tiefgezogenes, fast schon gechopptes Dach und viel Glas. Der Volksmund erfand sofort einen passenden Kosenamen: „Schneewittchensarg". Stand zunächst die größere Alltagstauglichkeit aufgrund einer Heckklappe und mehr Platz im Vordergrund, wurde die Kombiversion schon zum Lifestyler, als es das Wort noch gar nicht gab. Mit 124 PS war der Sportkombi ausreichend motorisiert. Leider wurde er nur drei Jahre lang gebaut – es entstanden nur gut 8000 Stück. Aber er ist unvergessen …

VOLVO P1800 ES	
Bauzeit:	1971 – 1973
Motor:	Vierzylinder
Hubraum:	1986 cm^3
Leistung:	124 PS
Antrieb:	Hinterräder
Gewicht:	950 Kg- 980 kg
V_{max}:	185 km/h

VOLVO 262 COUPÉ BERTONE

Dass man mit tief gezogenem Dach zumindest einen Achtungserfolg bei einem Serienauto erfahren kann, hatte Volvo mit P1800 und P1800 ES erlebt. Vielleicht ließ Volvo deswegen den angesehen Designer Nuccio Bertone ein Top-Modell ersinnen? Sicher ist: Die Verantwortlichen glaubten, besonders die Amerikaner mit dem gechoppten Panzer überzeugen zu können. Diese Metapher ist nicht übertrieben, denn Bertone kannte kein Pardon, nahm einen 264 und schneiderte ein Coupè daraus, indem er (grob skizziert) den massigen Fahrzeugkörper unverändert ließ, zwei Türen strich, das Dach um seine halbe Höhe beraubte und es auch noch mit schwarzem Vinyl bezog. Da nützte es auch nichts, dass der wahr gewordene Experimental-Volvo mit allem erdenklichen Luxus ausgestattet war sowie von einem Reihensechszylinder mit bis zu 155 PS befeuert wurde. Zu wenige Kunden — egal aus welchem Land und welcher Region — fanden das Konzept gelungen: Nur rund 6600 griffen zu dem Italoschweden, der bald nur noch „Bertone" genannt wurde.

VOLVO 262 COUPÉ BERTONE	
Bauzeit:	1977 – 1981
Motor:	Reihensechszylinder
Hubraum:	2664 cm³, 2849 cm³
Leistung:	140 PS, 155 PS
Antrieb:	Hinterräder
Gewicht:	1450 kg
V_{max}:	185 km/h, 190 km/h

S-EC 1911

Die 1980er Jahre

MIT WUCHT INS INFORMATIONS-ZEITALTER

Die 1980er Jahre waren dominiert von der Sorge um die Zukunft, von wachsender Bereitschaft zum Protest unter anderem gegen wachsenden Leistungszwang, gegen Atomkraft und Aufrüstung, aber auch vom Einsatz gegen Arbeitsplatzvernichtung durch Einführung neuer Technologien. In Sachen Politik und Kriminalität begann das Jahrzehnt allerdings nicht viel anders als vorhergehende Jahrzehnte: Die Sowjetunion marschierte 1980 in Afghanistan ein, John Lennon wurde in New York erschossen, ein rechtsextremer Anschlag auf dem Oktoberfest sprengte mit Wucht die bayerische Gemütlichkeit, und die Natur hielt sich auch nicht zurück und aktivierte den Vulkan Mount St. Helens – es war der zweitgrößte Vulkanausbruch seit Verzeichnung solcher Eruptionen. Da blieb kaum Zeit, sich gebührend über die bei der Jungend aufkommende Schulterpolstermode aufzuregen. Anfang 1980 gründeten sich auch die Grünen, die sich drei Jahre später über die erste Windkraftanlage „Growian" in Dithmarschen gefreut haben dürften, dafür weniger über die freiwilligen autofreien Sonntage der Deutschen, weil sie zum Flop gerieten. Und während Walter Röhrl mit Vollgas Sprit verbrennend erstmals Rallye-Weltmeister wurde (Bild unten) und die Eröffnung des Gotthardtunnels mit 17 Kilometern Untergrundfahrt lockte, meldete Frankreich den längsten Stau der Geschichte (bis 2009) mit 180 Kilometern auf der A6 zwischen Lyon und Paris. Bei Audi feierte man den Einzug des Allradantriebs in ein Serienauto, bei Mercedes war der erste Airbag bestellbar, bei BMW der erste Bordcomputer. Deutlicher Verlierer in Sachen Auto war die USA: Allein im Jahr 1980 verlor die US-Autoindustrie 2,4 Milliarden Dollar (in damaliger Zeit waren das umgerechnet unglaubliche 4,2 Milliarden DM) und Japan überholte die USA als führender Autohersteller. Und in Jugoslawien entstand eines der schlimmsten Serienfahrzeuge in der Automobilhistorie: der Yugo – ein perfektes Gefährt für masochistisch veranlagte Zeitgenossen.

Auch 1981 war nicht arm an Dramen: „Acquired Immune Deficiency Syndrome", kurz Aids genannt, trat erstmalig auf, Attentate auf US-Präsident

Reagan und den Papst erschreckten die Welt, Prince Charles heiratete eine Kindergärtnerin und die Bundesrepublik wurde erschüttert durch die „Neue Deutsche Welle“: „Da, da, da, ich lieb dich nicht, du liebst mich nicht“ (Trio), „Skandal im Sperrbezirk“ (Spider Murphy Gang), „Sex in der Wüste“ (Ideal), „99 Luftballons“ (Nena), „Spaghetti Carbonara“ (Spliff), „Hurra, hurra, die Schule brennt“ (Extrabreit), „Der Kommissar“ (Falco), und „Bruttosozialprodukt“ (Geier Sturzflug) waren noch schräger als die erste „Wetten-dass“-Sendung. Da ging fast unter, dass IBM den ersten „Personal Computer“ vorstellte. Und damit die Wende vom Industrie- zum Informationszeitalter einläutete. Apropos Information: Honda bot 1981 das erste einfache Navi an (im Accord). VW machte sich dagegen Gedanken, wie man den Spritverbrauch senken könnte aufgrund der Spritpreise von rund 130 Pfennigen pro Liter und offerierte die „Formel E“: Gegen Aufpreis gab es Spoiler, Schalt- und Verbrauchsanzeige, einen Schongang und Start-Stopp-Automatik, wodurch eine Einsparung von 1,5 Litern auf 100 Kilometern erzielt werden sollte. Aber nur zehn statt erhoffter 50 Prozent der Kunden nahmen das Angebot an. Alle freuten sich dagegen, dass mit Michèle Mouton die erste (und bis heute einzige) Frau einen Lauf zur Rallye-Weltmeisterschaft gewann: Zusammen mit ihrer Beifahrerin Fabrizia Pons besiegte sie 1981 bei der Rallye San Remo Walter Röhrl, der seine Niederlage mit dem ebenso trockenen wie unvergessenen Kommentar akzeptierte: „In einen Audi quattro kannst Du einen dressierten Affen setzen, der gewinnt auch!“ Drei Jahre später war er selbst Werkspilot in Ingolstadt. In der Eifel nährte der erste Spatenstich für die GP-Strecke die Hoffnung vieler Motorsportbegeisterter, dass am Nürburgring bald wieder die Formel 1 zu sehen sein würde. Und während in der DDR der einmillionste Wartburg für die Massen gebaut wurde, fertigte Citroën 300 gelbe Enten mit (aufgeklebten) Einschusslöchern (Bild rechts) für europäische Lifestyler aufgrund des Achtungserfolges eines solchen Exemplars im 12. James-Bond-Streifen „For your eyes only“ (In tödlicher Mission).

Die Freude am Autofahren manifestierte sich 1982 auch musikalisch – da trällerte ein gewisser „Markus“ „Ich geb' Gas, ich will Spaß“ und Mercedes probierte, mit einem kleinen 190er „Baby-Benz“ auch den weniger Betuchten die Reise mit dem Stern zu ermöglichen. Wenig Freude dagegen hatten Helmut Schmidt (SPD), der von Helmut Kohl (CDU) durch die Vertrauensfrage im Deutschen Bundestag als Bundeskanzler abgelöst wurde, der Wald, der unter saurem Regen aufgrund von Luftverschmutzung litt, die deutschen Fußballfans, die eine Niederlage ihrer Nationalmannschaft im Endspiel bei der WM gegen Italien verdauen mussten, und die Argentinier, die den

kurzen, aber heftigen Falklandkrieg gegen die Briten verloren und sich schließlich nur rühmen konnten, auf den Inseln für zwei Monate den Rechtsverkehr durchgesetzt zu haben.

1983 wurde „Heißer Herbst“ das Wort des Jahres in Deutschland — und das betraf nicht nur den Nato-Doppelbeschluss, den Höhepunkt der deutschen Friedensbewegung, die gefälschten Hitler-Tagebücher, auf die der STERN hereinfiel, Udo Lindenbergs DDR-Auftritt im Palast der Republik, das weltweit erste zugelassene Handy (Motorola DynaTAC 8000X, Gewicht 800 Gramm, Bild oben links) und den größten Raub der britischen Geschichte (aus einem Lagerhaus am Flughafen Heathrow verschwanden 6800 Goldbarren sowie Diamanten, alles mehr als drei Tonnen schwer, im Wert von 25 Millionen Pfund Sterling). Heiß auch die Zeiten von Rennfahrer Stefan Bellof und Richard Noble: Bellof meißelte im Porsche 956 eine Fabel-

zeit von 6:11,13 Minuten in den Asphalt der Nordschleife (Bild rechts). Noble erreichte mit seinem „Thrust 2“ einen neuen Geschwindigkeitsrekord für Autos mit 1019,7 km/h. Eiszeit dagegen in der Wostok-Station, Ostantarktis: Dort wurde 1983 die bis heute tiefste Temperatur gemessen – minus 89,2 Grad Celsius. Eiszeit auch in Buxtehude: Nicht jedem schmeckte die Einrichtung der ersten 30-km/h-Zone. Aber das war eigentlich nur eine Marginalie im Vergleich zur Gründung eines Duos namens „Modern Talking“, das in Form von Dieter Bohlen und Thomas Anders in erschreckendem Tempo begann, die internationale Musikszene mit ultratrivialem Rhythmus- und Text-Einerlei für Jahrzehnte zu verderben.

Geschwindigkeit bewies 1984 auch der US-Astronaut Bruce McCandles, der als erster Astronaut ohne Sicherheitsleine durchs All flog – mit langsamen Drehungen bei 28.000 km/h. Auf der Erde übernahmen Bits und Bytes die Kontrolle: Apple führte den Macintosh ein, der 3D-Drucker wurde erfunden, die ersten privaten TV-Sender gingen in Deutschland auf Sendung, der Chaos Computer Club klaute der Post 135.000 Mark (meldete es aber) und Computerlisten mit sämtlichen Beschaffungsprogrammen der Bundeswehr wurden im Straßengraben gefunden. Es war das Jahr von George Orwells düsterem Roman „1984“ – deshalb beobachtete alle Welt besonders kritisch die ständig wachsende Überwachung und die Datenschutzbemühungen. Apropos: Die Polizei überwachte den neuen Gurtanlegezwang in der Bundesrepublik und die Schweizer Emil und Liliana Schmid überwachten sich selbst, als sie die längste Reise mit einem Auto unternahmen: In einem Toyota Land Cruiser fuhren sie durch 156 Länder – 617.359 Kilometer weit. Das reichte für den Eintrag ins Guinness-Buch.

Den hätte 1985 auch Joschka Fischer verdient, der als erster Minister zur Vereidigung in Turnschuhen auftauchte. Oder die deutschen Geheimdienste, als sie an der Glienicker Brücke in Berlin den größten Spion-Austausch aller Zeiten vollzogen (25 West gegen vier Ost). Oder die Macher von „Live-Aid“, dem größten Benefiz-Konzert aller Zeiten gleichzeitig in London und Philadelphia. Oder Boris Becker, der als jüngster und erster deutscher Tennisspieler Wimbledon gewann. Oder Philips – die Firma stellte in diesem Jahr ihren ersten Auto-CD-Player vor. Wenig unterhaltsam war dagegen die neue Abgassonderuntersuchung (ASU) in Deutschland, ebenso wenig Unterhaltungswert hatte die Einführung der Autobahnvignette in der Schweiz. Richtig böse war die Versenkung des Greenpeace-Schiffes „Rainbow Warrior“ im Hafen von Auckland durch den französischen Geheimdienst und die Katastrophe im Heysel-Stadion in Brüssel, wo aufgrund von Fan-Krawallen eine Massenpanik ausbrach. Die erschreckende Bilanz: 39 Tote, 454 Verletzte.

Zum Lachen gab es auch 1986 nicht viel. Michail Gorbatschow forderte zwar erstmals Glasnost (Offenheit) und Perestroika (Umstrukturierung), aber in Tschernobyl sorgte die bislang größte Nuklearkatastrophe in der Menschheitsgeschichte mit geschätzt weltweit ca. 4000 Todesopfern für bis in die Gegenwart und weit darüber hinaus strahlende Alt-

lasten. Der schwedische Regierungschef Olof Palme wurde ermordet, in Deutschland fielen Diplomat Gerold von Braunmühl und Siemens-Vorstand Karl-Heinz Beckurts RAF-Mordanschlägen zum Opfer, in Frankreich überlebte Renault-Chef George Besse einen Anschlag nicht. Und weit über unseren Köpfen zerplatzte mit der Raumfähre Challenger die Hoffnung auf die Unfehlbarkeit der Raumfahrttechnik.

Besser die Stimmung in der Autobranche: VW übernahm Seat und Fiat Alfa. Deutschlands Autofahrer beobachteten interessiert die Einführung von bleifreiem Benzin, die Direktive, dass alle Neuwagen nur noch mit Katalysator ausgeliefert werden durften sowie den Führerschein auf Probe – und beim Führerschein den Wechsel des geliebten grauen Lappens zum rosafarbenen Waschzettel. Audi dagegen kämpfte gegen amerikanische Vorwürfe, ihre Autos würden ungewollt autonom losfahren, was zwar nie bewiesen wurde, die Ingolstädter aber eine Menge Image kostete. Ausgesprochen unterhaltsam dagegen war die ARD-Panne am 31. Dezember 1986, als der Sender – von vielen Zuschauern unbemerkt – die Neujahrsansprache von Helmut Kohl vom Vorjahr über die Mattscheiben flimmern ließ.

Zumindest bemerkenswert gerieten 1987 die Landung des Wedelers Mathias Rust mit seiner Cessna auf dem Roten Platz in Moskau, der erste Besuch eines DDR-Staatschefs in der BRD durch Erich Honecker und der Tod von Schleswig-Holsteins Ministerpräsidenten Uwe Barschel im Genfer Hotel Beau Rivage nach einem norddeutschen Politkrimi. Grau war die Lieblingsfarbe der Deutschen bei Neuwagen und Grau sahen auch die Berliner, die erstmals mit der „Smogalarmstufe 1" drei Tage lang leben mussten. Nur Autos mit Dieselmotoren und Kat durften fahren.

Licht und Schatten auch 1988: Das Gladbecker Geiseldrama veränderte die Sicht auf Boulevard-Journalismus, der Absturz von drei Flugzeugen in Ramstein mit 70 Toten die Sicht auf Flugshows, der Temporekord für Schienenfahrzeuge mit dem ICE-Vorläufer InterCityExperimental (406,9 km/h) die Sicht auf Reisemöglichkeiten. Der erste echte Computerwurm (legte zehn Prozent des Netzes lahm) änderte die Sicht auf digitale Freiheit, der Gewinn aller Grand-Slam-Turniere durch Steffi Graf als erste Deutsche die Sicht auf den Leistungssport (siehe Bild unten). Und noch ein deutscher Sportler machte von sich Reden: Ein gewisser Michael Schumacher gewann sein erstes Autorennen. Aber wo Sterne aufgehen, versinken auch welche: Die automobile Welt musste um Genies wie Enzo Ferrari, Alec Issigonis und Donald Healey trauern. Da war der größte Modellversuch zur elektronischen Verkehrssteuerung in Deutschland nur eine Randnotiz: 700 Autos wurden mit Bordcomputern ausgestattet sowie ein zentraler Verkehrscomputer und 240 Kreuzungen mit Infraroteinrichtungen und Sendern versehen, um die kürzeste Fahrstrecke errechnen und vor Baustellen und Staus warnen zu können.

Das letzte Jahr des 80er Jahrzehnts verabschiedete sich mit einem Donnerknall in Form einer fallenden innerdeutschen Mauer – in China auf dem Platz des himmlischen Friedens bezahlten im Jahr 1989 mehrere hundert Menschen ihren Wunsch nach mehr Freiheit mit dem Tod. Die Natur litt unter dem Unfall der Exxon Valdez, als mehr als 40.000 Liter Öl vor Alaska ins Meer flossen und die Demokratie, als rechtsradikale Republikaner bei der Europawahl in Deutschland 7,1 Prozent der Stimmen gewannen und ins Europaparlament einzogen. Gut, dass wenigstens der erste Game Boy für angenehme Abwechslung sorgte. Und die Demonstration auf der Berliner AVUS, als 18.000 Fahrzeuge die Autobahn blockierten, für die seit einiger Zeit Tempo 100 galt. Davor war es die einzige limitfreie Stadtautobahn West-Berlins. Für die vielen neuen Kultautos, die in jenem Jahr gebaut wurden ...

HN

ALFA ROMEO S.Z./R.Z.	
Bauzeit:	1989 – 1994
Motor:	V6
Hubraum:	2959 cm³
Leistung:	207 PS
Antrieb:	Hinterräder
Gewicht:	1256 kg, 1380 kg
V_{max}:	245 km/h

ALFA ROMEO S.Z./R.Z.

Ende der 80er Jahre besann sich Alfa Romeo seiner innovativen Wurzeln und ließ Designer Zagato ans Werk: Als Basis diente ihm der Alfa 75 mit dem Dreiliter-V6. Das Ergebnis waren Hingucker in extremer Keilform namens S.Z. (Coupé) und R.Z. (Cabrio). Kritiker bemängelten besonders die außergewöhnlich hohe Gürtellinie und die recht kleinen Seitenfenster. Die Karosserie bestand aus Kunststoff (bis auf das Leichtmetalldach), was in Italien noch völlig unüblich war. Der Radstand des 75 von gut zweieinhalb Metern blieb erhalten, dennoch geriet die Karosserie insgesamt um 36 Zentimeter kürzer. Der Motor drückte 207 PS auf die Kurbelwelle, was letztlich 245 km/h Spitze möglich machen sollte. Koni-Dämpfer mit hydraulischer Niveauregulierung ließen die Karosserie bei schneller Fahrt absinken. Doch die Kunden blieben aus: Bis zum Exitus 1994 wurden nur 755 S.Z. und 243 R.Z. gebaut. Manche Exemplare sollen sogar lange bei den Händlern herumgestanden haben. Aber wenn jeder Kult verstehen würde, wär's ja keiner mehr …

ALFA ROMEO ARNA

Im Nachhinein ist man immer schlauer – so erging es auch Alfa Romeo und Nissan nach ihrem von den Kunden verschmähten Arna. Dabei wollten beide Hersteller doch nur das Beste, nämlich einen qualitativ hochwertigen Kleinwagen bauen, der besonders wirtschaftlich gefertigt werden sollte. Nissan stellte die Basis mit einem Cherry-Derivat zur Verfügung, Alfa die Technik. Das Auto war mit einem Vierzylinder-Boxermotor mit 60 bis 86 PS durchschnittlich motorisiert, Fünfganggetriebe sowie das gute Fahrwerk waren up to date, doch leider geriet das Design und der gesamte Charakter so dramatisch emotionslos, dass sich nicht nur Alfisti mit Grausen distanzierten. In drei Produktionsjahren wurden nur rund 40.000 Stück verkauft. Das Desaster endete zwangsweise, als Fiat Alfa übernahm und Nissan damit wieder seine eigenen Kreationen bauen musste. Zugegeben, nicht oft generiert Gefühlsarmut Kult, in diesem Falle allerdings genau deshalb …

ALFA ROMEO ARNA	
Bauzeit:	1984 – 1986
Motor:	Vierzylinder-Boxer
Hubraum:	1178 – 1350 cm³
Leistung:	60 – 86 PS
Antrieb:	Vorderräder
Gewicht:	850 kg
Vmax:	152 – 172 km/h

ALFA ROMEO GTV6 2.5I

ALFA ROMEO GTV6 2.5I	
Bauzeit:	1980 – 1986
Motor:	Vierzylinder, V6
Hubraum:	2492 cm³
Leistung:	158 PS
Antrieb:	Hinterräder
Gewicht:	1210 kg
V_{max}:	210 km/h

Schon seit 1974 baute Alfa Romeo seine sportliche GTV-(Gran Turismo Veloce)-Baureihe, und 1980 wurde sie endlich richtig gekrönt. Top-Modell war der GTV6 2,5l – da bekam man noch, was der Name aussagte: 2,5 Liter Hubraum in einem wunderbaren V6. Der Motor besaß zwei obenliegende Nockenwellen, elektronische Benzineinspitzung L-Jetronic, war laufruhig und mit 158 PS recht stark. Es gab sogar auch eine Zweiliterversion mit 130 PS, die aufgrund der Steuergesetzgebung aber eigentlich nur in Italien gut ankam. Für die flache Fronthaube war der Antrieb etwas zu groß, was eine Hutze erforderlich machte, die allerdings der knackigen Coupé-Linie überhaupt nicht schadete. Ein großer Tank von 75 Litern ließ zwar kein familientaugliches Kofferabteil zu, aber das störte niemanden. Man erfreute sich stattdessen an adäquater Reichweite, genoss die Haptik des Lenkrades mit Holzkranz und lauschte einem deutlichen, aber dennoch unaufdringlichen (weil natürlichem) Sound. So etwas macht Autos unsterblich ...

ALFA ROMEO 75

Der Alfa 75 (der Name leitet sich aus dem 75. Firmenjubiläum ab) war der letzte Alfa Romeo mit dem bei den Mailänder Automobilkreationen üblichen Hinterradantrieb und eine weiterentwickelte Giulietta. Das Centro Stile sowie Giulietta-Designer Ermanno Cressoni hatten dabei die Keilform intensiviert, aber die vielen Kanten und die großen Flächen kamen beim Publikum nicht unbedingt an, nicht mal bei eingefleischten Alfisti. Dabei bot die Form durchaus Vorteile: Das Heck war um zwölf Zentimeter verlängert worden und vergrößerte den Kofferraum, der aerodynamische Feinschliff sorgte für einen Luftwiderstandsbeiwert von 0,37. Unter dem Blech steckte die mit der Getriebe-Differenzialeinheit kombinierte DeDion-Hinterachse, die Vorzüge von Einzelradaufhängung und Starrachse mit wenig ungefederten Massen und mit nur minimalen Spur- und Sturzänderungen vereinte. Auch die Motorenpalette von 1,6-Liter- bis Zweiliter-Vierzylindern bis hin zum Dreiliter-V6 (ab 1990) mit bis zu 192 PS überzeugte, auch wenn die Technik nicht immer so funktionierte, wie sie sollte (Abbildung: Alfa Romeo 75 1.8 Turbo von 1988). Ein bestimmter 75 durfte in Deutschland regelmäßig Freitagabend über die Mattscheibe flimmern: das bevorzugte Dienstfahrzeug von Privatdetektiv Josef Matula (gespielt von Hobby-Rennfahrer Claus Theo Gärtner) in der Krimiserie „Ein Fall für Zwei“.

ALFA ROMEO 75	
Bauzeit:	1985 – 1992
Motor:	Vierzylinder, V6
Hubraum:	1560 – 2959 cm³
Leistung:	107 – 192 PS
Antrieb:	Hinterräder
Gewicht:	1060 – 1330 kg
V_{max}:	180 – 220 km/h

ALFA ROMEO 164

Alfa Romeo nach der Fiat-Übernahme abzuschreiben, schien einfach. Denn in den meisten Fällen von Firmenübernahmen wurde das Ur-Produkt hinterher verwässert. Und die Ankündigung von Fiat, dass der neue Alfa Romeo 164 auf gleicher Frontantriebsplattform stehen würde wie der Fiat Croma, der Lancia Thema und der Saab 9000, machte auch nicht gerade neugierig. Als er dann aber kam, war das Erstaunen groß: Enrico Fumia von Altmeister Pininfarina hatte der Limousine eine interessante Linie verpasst – zwar in zeitgenössischer Keilform, aber mit durchaus markanten umlaufenden Sicken und Kanten sowie mit einem Heckleuchtenband. Unter der Haube konnte man bis zu 232 PS erwarten, was ein Top-Tempo von sehr sportlichen 240 km/h möglich machte. 1990 spendierten die Italiener dem 164 statt einer teil- sogar eine voll verzinkte Karosserie. Innen gab es gut konturierte Sitze, ein übersichtliches Cockpit und ordentliche Platzverhältnisse. Letztlich bestätigten mehr als 270.000 verkaufte Exemplare, dass Alfa doch mehr war als nur eine Fiat-Tochter.

ALFA ROMEO 164	
Bauzeit:	1987 – 1997
Motor:	Vierzylinder, V6
Hubraum:	1962 – 2959 cm^3
Leistung:	148 – 232 PS
Antrieb:	Vorderräder
Gewicht:	1200 – 1680 kg
V_{max}:	200 – 240 km/h

ALPINA B3 2.7	
Bauzeit:	1987 – 1992
Motor:	Reihensechszylinder
Hubraum:	2693 cm³
Leistung:	204 PS
Antrieb:	Hinterräder
Gewicht:	1260 Kilo
V_{max}:	227 km/h

ALPINA B3 2.7

Bevor BMW seine eigenen sportlichen M-Modelle auf die Straße brachte, sorgte die kleine Firma Alpina dafür, dass BMW-Kunden die Power bekamen, die sie sich eigentlich wünschten. Die Tuning-Schmiede von Burkard Bovensiepen nahm sich kurz nach dem Ritterschlag zum Autohersteller (1983) die zweite Dreier-Reihe (E30) vor, um ihr noch mehr Leben einzuhauchen. Die Spezialisten aus dem bayrischen Buchloe schnappten sich zunächst das topmotorisierte Modell 325i, das eigentlich 170 PS bot und drehten ein bisschen an der Leistungsschraube. Das Ergebnis waren 185 PS – stärker war kein käuflicher Serien-Dreier. 1986 holte sich BMW zwar die Dreier-Krone mit dem ersten M3 zurück, der 195 PS unter der Haube trug. Das ließ Alpina aber nicht auf sich sitzen und konterte mit dem B3 2.7, der mit 204 PS überzeugte, was ein Spitzentempo von 227 km/h ermöglichte. 257 Exemplare des B3 2.7 entstanden. Auch wenn BMW seitdem selber stets echte Powerversionen der verschiedenen Modellreihen auflegte, kann Alpina seit über 50 Jahren auf seine verschworene Stammkundschaft setzen.

AUDI 80 (TYP B2)

Die zweite Auflage des Audi 80 war nicht nur der erste Audi 80 mit vier Türen, sondern auch so unauffällig und unaufgeregt wie Curling in Zeitlupe. So steht er hier stellvertretend für alle einfachen automobilen Arbeiter, die – heute fast vergessen – durch die 80er Jahre rollten. Claus Luthe hatte mit dem Design begonnen, nach seinem Wechsel zu BMW übernahm Giorgetto Giugiaro die Verantwortung, weswegen eine gewisse Golf-Ähnlichkeit entstand. Technisch war der Audi 80 mit dem VW Passat verwandt. Top-Modell mit Frontantrieb war der GLE mit 110 PS, was ihn aber auch nicht wirklich über den Durchschnitt erhob. Das Vierganggetriebe wurde sogar um einen fünften Gang erweitert, der als Spargang ausgelegt war. Ebenfalls für die Sparfüchse unter den Kunden wurde ab 1981 eine Leuchtanzeige ins Cockpit eingebaut, die früh zum Hochschalten mahnte, damit man bloß nicht aus Versehen in drehzahlmäßige Jubelregionen vordrang. Erstmals war der Audi 80 auch mit Dieselmotor zu haben, der mit 54 PS den Vortrieb versuchte. Doch immerhin eine Variante riss die gesammelte Unscheinbarkeit aus der Lethargie: Die quattro-Version mit bis zu 136 PS. Ein bisschen Spaß musste eben doch sein ...

AUDI 80 (TYP B2)	
Bauzeit:	1978 – 1986
Motor:	Vierzylinder, Fünfzylinder
Hubraum:	1272 – 1944 cm³
Leistung:	54 – 136 PS
Antrieb:	Vorderräder, Allrad
Gewicht:	930 – 1190 kg
V_{max}:	140 – 180 km/h

AUDI 200 (TYP 43)

So sehr Audi mit dem geplanten Imagewandel vom Biedermann-Auto zum Lifestyler vorangekommen war (trotz Audi 80), so wenig nahm man der Ingolstädter Marke die Fähigkeit ab, emotionale Oberklasseautos zu bauen. Der erste Versuch war der Audi 200. Der größte Fehler bestand wohl in der Wahl der Karosserieform: Das Top-Modell unterschied sich vom 100er äußerlich fast nur durch kleine Rechteckscheinwerfer vorne. Unter dem Blech allerdings steckte viel Luxus, und das im Gegensatz zu den arrivierten deutschen Herstellern meist aufpreisfrei. Den 5E (siehe Abbildung) gab es mit 136 PS aus dem Audi 100, der 5T wurde befeuert von einem Turbolader, der die Motorleistung auf 170 PS steigerte. Die

AUDI 200 (TYP 43)	
Bauzeit:	1979 – 1982
Motor:	Fünfzylinder
Hubraum:	2144 cm^3
Leistung:	136 PS, 182 PS
Antrieb:	Vorderräder, Allrad
Gewicht:	1260 kg
V_{max}:	184 km/h, 203 km/h

Ausstattungen waren logischerweise allesamt höherwertig als im 100er: Servolenkung, elektrische Fensterheber, Zentralverriegelung, Leichtmetallräder, Metallic-Lack, digitale Quarzuhr, Leselampen und je nach Auslieferungsland eine Klimaanlage gehörten zur Serienausstattung, ABS und ein Bordcomputer mit Flüssigkristall-Display waren optional erhältlich. 1985 gab es sogar eine quattro-Version. Der ganz große Durchbruch gelang Audi mit dem 200 trotzdem nicht, aber er markierte einen großen Schritt in Richtung Hochpreissegment.

AUDI QUATTRO

Zugegeben – ohne Gott in Form von Walter Röhrl wäre der Audi quattro wahrscheinlich auch Kult geworden. Aber mit der übermenschlichen Komponente ist die Story noch schöner: Der wohl beste Autofahrer der Welt (und allemal der beste Rallye-Pilot aller Zeiten) kämpfte ab der Saison 1984 für Audi in der berüchtigten „Gruppe B" um die Rallye-Weltmeisterschaft. Und auch wenn er sie im Audi nicht errang, sorgten Mann und Auto für gegenseitigen Weltruhm. Der Audi wurde in seiner zivilen Version (wenn man das beim quattro überhaupt so bezeichnen kann) im März 1980 auf dem Genfer Salon vorgestellt, und es war von Anfang an das Über-Auto von Audi. Die Ingolstädter stopften alles in das kantige Coupé hinein, was gut und teuer war: Allradantrieb, einen 200 PS starken Turbomotor, Ladeluftkühlung, ab 1982 LED-Instrumente, ab 1984 unter anderem ABS. Mehr als 11.000 Stück des Sportcoupés wurden gebaut – anfangs für 50.000 Mark das Stück, am Ende kostete es das Doppelte. Noch begehrter aber war der „kurze quattro": Von 1984 bis 1985 stellte Audi dem „langen" quattro einen „sport quattro" mit gekürztem Radstand zur Seite. Für satte 200.000 Mark erhielt der Käufer 306 PS und die Gewissheit, einen von nur 220 Stück zu besitzen. Röhrl übrigens brannte dann doch noch einen Rekord mit dem quattro in die Geschichtsbücher: 1987 jagte er mit einem 600 PS starken quattro die 19,99 Kilometer lange Schotterstrecke des Pikes Peak Hills in 10:47,85 Minuten hinauf. Er war damit der erste Pilot, der unter der magischen Grenze von elf Minuten blieb. Auf inzwischen modifizierter Strecke liegt der Rekord bei diesem Kultbergrennen seit 2013 bei 08:13,878 Minuten – erzielt vom neunfachen Rallye-Weltmeister Sébastien Loeb (F) auf Peugeot 208 T16.

AUDI QUATTRO	
Bauzeit:	1980 – 1990
Motor:	Fünfzylinder
Hubraum:	2144 cm^3
Leistung:	200 PS
Antrieb:	Allrad
Gewicht:	1335 kg
V_{max}:	235 km/h

AUDI 100 (TYP C3)

Der neue Audi 100 geriet schlicht, elegant – und ökonomisch. Mit einem Luftwiderstandsbeiwert von 0,30 pflügte das Auto 1982 als strömungsgünstigste Limousine der Welt über die Straßen. Das war zum Beispiel den Seitenscheiben geschuldet, die bündig mit der Karosserie abschlossen, aber auch der sehr schräg stehenden Frontscheibe. Nachteil: die Aufheizung des Innenraumes durch die Sonne. Aber gegen wohlige Wärme konnte man ja kaum etwas haben. Unter anderem fehlende Dachrinnen und Gummilippen, die Zwischenräume überdeckten, sollten dafür sorgen, dass der neue Audi 100 20 Prozent weniger Kraftstoff verbrauchte als der Vorgänger. Technisch überzeugte der Reihenfünfzylinder, neu war die Vollverzinkung der Karosserie. Als Top-Modell fungierte ein Allradler mit Turbomotor – Audi gab sich wirklich Mühe. Das Designhighlight aber war die Fastbackversion „Avant", eine frühe Form eines Lifestyle-Kombi. 1989 präsentierte Audi mit dem 2.5 TDI zudem noch den „ersten Pkw-Dieselmotor mit direkter Einspritzung der zweiten Generation" (Abbildung: Audi Avant 2.5 TDI), der ein Viertel weniger Sprit verbrauchen sollte als übliche Vor- und Wirbelkammerdiesel. Der Wundermotor leistete 120 PS und konsumierte nur 1,76 Liter auf 100 Kilometern – jedenfalls bei einer Rekordfahrt über 4818 km in einem kompromisslos modifizierten Audi 100 …

AUDI 100 (TYP C3)	
Bauzeit:	1982 – 1991
Motor:	Vierzylinder, Fünfzylinder
Hubraum:	1781 – 2460 cm³
Leistung:	70 – 165 PS
Antrieb:	Vorderräder, Allrad
Gewicht:	1080 – 1410 kg
V_{max}:	151 – 203 km/h

AUDI V8

Der nur mittelmäßige Erfolg von Audi, mit dem 200er in der Oberklasse eine Benchmark zu setzen, hielt die Ingolstädter nicht davon ab, nun auch in der Luxusklasse anzugreifen. So erinnerte man sich in Ingolstadt an die 1930er Jahre, als es Audi mit Achtzylinder-Reihenmotoren gab. Diesmal entschied man sich für die moderne Version, den V8 – der dann auch gleich namensgebend war. Zuerst katapultierten 250 PS, später 280 PS den komplett ausgestatteten, aber dadurch auch sehr teuren Wagen in absolute Sportwagenbereiche. Hinzu kam der Allradantrieb, den sonst keine Luxuslimousine bot. Allerdings wurde dessen Existenz eher kopfschüttelnd als Kuriosum in der Upper Class und nicht als Fahrstabilisierung zur Kenntnis genommen. Wie schon der Audi 200 sah auch der Audi V8 dem Audi 100 relativ ähnlich, was wiederum ein Kritikpunkt am Design war. Tatsächlich konnte Audi in sechs Jahren Bauzeit nicht mehr als 21.000 Stück absetzen – aber ein tolles Auto war es trotzdem. Zudem unvergessen die Auftritte von Hans-Joachim Stuck in der DTM ...

AUDI V8	
Bauzeit:	1988 – 1994
Motor:	V8
Hubraum:	3562 cm^3, 4172 cm^3
Leistung:	250 PS, 280 PS
Antrieb:	Allrad
Gewicht:	1710 kg
V_{max}:	235 km/h, 252 km/h

AUDI COUPÉ (B3)

Die International Motor Show von Birmingham war alleine schon Kult, schließlich wurden dort stets neue, wilde, englische Kleinseriensportwagen vorgestellt. Aber auch das neue Audi Coupé, das dort 1988 stand, war nicht zu verachten. Das Design wirkte filigraner als beim Vorgänger, der bereits 1980 präsentiert wurde. Besonderes Merkmal der neuesten Ausgabe war die Heckklappe mit großer gewölbter Scheibe. Dank liegend eingebautem Tank konnte nun auch die Rückbanklehne umgelegt werden. In Deutschland standen zunächst zwei der inzwischen schon berühmten Fünfzylinder zur Wahl: der 2,3-Liter mit 136 PS und eine Einspritzversion mit 170 PS (siehe Abbildung). Die stärkere Version kam stets mit Allradantrieb und mit manuell sperrbarem Hinterachsdifferenzial. Aufgrund der hohen Karosseriesteife bildete das Audi Coupé später die Basis für das Audi Cabrio.

AUDI COUPÉ (B3)	
Bauzeit:	1989 – 1991
Motor:	Fünfzylinder
Hubraum:	2309 cm³
Leistung:	136 PS, 170 PS
Antrieb:	Vorderräder, Allrad
Gewicht:	1170 – 1400 kg
Vmax:	206 km/h, 222 km/h

APAL JET BUGGY

Still und schleichend verabschiedete sich Anfang der 80er Jahre eine ganze Fahrzeuggattung, die wie kaum eine andere einfach nur die Freude an Luft, Sonne, Sand und Tempo propagierte: Die Buggys starben aus. Und mal wieder waren es die stets strenger werdenden Sicherheitsbestimmungen, die den reinen Spaßautos den Benzinhahn zudrehten. Anfang der 60er Jahre vom Amerikaner Bruce Meyers erfunden, fanden Buggys schnell den Weg nach Europa. Kein Wunder, war die Basis des Kit-Cars doch fast immer die gekürzte Plattform eines VW Käfer. Dann fehlten nur noch ein paar Sportsitze und eine möglichst knappe Kunststoffkarosserie, fertig war das Auto für die Happy Hour. Türen? Dach? Kofferraum? Nur was für Spießer. Nachdem vom Meyers' Manx Buggy rund 6000 Stück verkauft waren, versuchten diverse Buggybauer, etwas vom Lifestyle-Kuchen abzuschneiden – in Amerika trollten sich insgesamt bis 250.000 Stück an den herrlichsten Stränden. Die wenigsten Hersteller allerdings brachten es auf nennenswerte Stückzahlen. Einer der erfolgreichsten war wohl der belgische Hersteller Apal: Die Firma kam auf die Idee, die Karosserien fertig eingefärbt zu verkaufen. Es gab Modelle mit Motoren, die für jedermann sichtbar offen im Heck thronten, aber auch welche, bei denen das Triebwerk dezent unter dem glasfaserverstärkten Kunststoff verschwanden. Buggys? Unvergessen!

APAL JET BUGGY	
Bauzeit:	1968 – 1973
Motor:	Vierzylinder-Boxer
Hubraum:	1750 cm^3
Leistung:	85 PS
Antrieb:	Hinterräder
Gewicht:	630 kg
V_{max}:	145 km/h

BENTLEY MULSANNE TURBO

Anfang der 80er Jahre hatte es Bentley noch schwer – waren die Modelle der einstigen Sportwagenmarke doch nichts anderes als wenig modifizierte Rolls-Royce. Das änderte sich erst mit dem Mulsanne. Unterschied sich die erste Ausgabe 1980 zwar nur durch einen anderen Kühlergrill vom ebenfalls rund 200 PS starken Rolls-Royce Silver Spirit, durfte sie doch immerhin schon den Namen der berühmten Kurve in Le Mans tragen – der Ort, an dem Bentley in den 1920er Jahren große Erfolge feierte und 1924 sowie 1927 bis 1930 gewann. Erst 1982 schälte sich heraus, dass Rolls-Royce Bentley als sportliche Variante aufbaute, denn da kam der Mulsanne Turbo (siehe Abbildung) mit 45 Extra-Pferdchen. Das machte die knapp 5,3 Meter lange Luxuslimousine 215 km/h schnell und damit zur Macht auf der Autobahn. 1987 folgte der Turbo R, der auch in Sachen Fahrwerk noch eine Steigerung erfuhr und deutlich fahraktiver ausgelegt war. Und plötzlich war Bentley wieder wer.

BENTLEY MULSANNE TURBO	
Bauzeit:	1980 – 1997
Motor:	V8
Hubraum:	6750 cm^3
Leistung:	200 PS, 245 PS
Antrieb:	Hinterräder
Gewicht:	2245 kg, 2470 kg
V_{max}:	190 km/h, 215 km/h

BITTER SC

Vom „Erfolg" des Bitter CD in den 70er Jahren angespornt, legte Rennfahrer und Selfmademan Erich Bitter 1981 einen zweiten Bitter auf, diesmal unter der Bezeichnung „SC". Basis war Opel Senator 3.0 E. Das Design überließ Bitter Michelotti, der seine Inspirationen zweifellos aus dem Ferrari 400 zog. Seinen ersten offiziellen dynamischen Auftritt hatte das Coupé als Safety-Car beim Formel-1-Lauf in Monaco im Jahr 1980. Das Design kam an, die Qualität nicht – was daran lag, dass die Karosserien in Italien gefertigt wurden und das Auto bei Bitter in Schwelm zusammengebaut wurde anstatt bei Baur, denn Karosseriespezialist Baur war mit der Fabrikation des BMW M1 voll ausgelastet. Erst als Steyr-Puch in Graz die Montage übernahm, wurden die Autos besser. Bitter ließ seinen Kunden die Wahl zwischen einem Dreiliter- und ab 1984 einem 3,9-Liter-Sechszylinder, den Tuner Mantzel stärkte. Die Modelle mit dem großen Motor kratzten schon an der 100.000 Mark-Grenze, was die Kunden aber nicht störte – sie wollten das Mantzel-Aggregat. Immerhin entschieden sich insgesamt rund 600 Käufer für einen SC, den es auch in wenigen Exemplaren als viertürige Limousine, als Cabrio und mit Allradantrieb gab. Auch wenn danach der Serienbau von Erich Bitter zu Ende war, hat der Tausendsassa aus Schwelm nie aufgehört, Autos zu verbessern.

BITTER SC	
Bauzeit:	1981 – 1986
Motor:	Reihensechszylinder
Hubraum:	2968 cm³, 3849 cm³
Leistung:	180 PS, 210 PS
Antrieb:	Hinterräder
Gewicht:	1515 -1635 kg
Vmax:	200 km/h, 225 km/h

BMW 7ER (E32)

Der neue Siebener ab Ende 1986 mit dem internen Code E32 begeisterte die Kunden auf Anhieb – weil sich der große Bayer nicht wuchtig, sondern formschön präsentierte und sich sichtbar nicht der Doktrin des Windkanals unterwarf. BMW-Chef Eberhard von Kuenheim sagte dazu: „Wir verkaufen Autos und keine c_W-Werte." Der E32 war mit besonders viel Elektronik ausgestattet: Ein Computer checkte die Fahrzeugfunktionen während des Betriebes und speicherte eventuelle Fehler zur späteren Auslesung. Zusätzlich war der Wagen mit Antriebsschlupfsystem ausgerüstet, die Scheibenwischer arbeiteten sogar mit verschiedenen Anpressdrücken. Erstmals bei BMW war ein Fahrerairbag zu haben, der allerdings noch Aufpreis kostete. Zahlreiche Gimmicks wie beispielsweise automatisch ausfahrbare Kopfstützen für die Fondpassagiere machten aus der Oberklasse-Limousine ein begehrtes Automobil. Den Einstieg in die neue Siebener-Welt bildete der 730i mit Reihensechser und 184 PS, der satte 57.000 Mark kostete. Die nächste Stufe zündete der 735i mit 211 PS für 69.000 Mark. Das Top-Modell, der 750i, folgte erst ein Jahr später. Selbstverständlich gab es mit dem iL auch wieder eine Langversion (siehe Abbildung). Schöner war kaum ein Siebener danach.

BMW 7ER (E32)	
Bauzeit:	1986 – 1994
Motor:	Reihensechszylinder, V8, V12
Hubraum:	2985 – 4988 cm³
Leistung:	184 – 299 PS
Antrieb:	Hinterräder
Gewicht:	1570 – 1860 kg
V_{max}:	222 – 250 km/h

BMW M3 (E30)	
Bauzeit:	1986 – 1991
Motor:	Vierzylinder
Hubraum:	2302 – 2489 cm^3
Leistung:	195 – 238 PS
Antrieb:	Hinterräder
Gewicht:	1200 kg
V_{max}:	228 – 241 km/h

BMW M3 (E30)

Eigentlich hätte BMW es sich gleich denken können, dass neben einem M5 auch die kleinere Variante M3 existieren könnte – extrem sportlich orientierte Kunden gab es genug. Aber zunächst legten die Bayern – genauer: die BMW Motorsport GmbH – den ersten M3 nur als Homologationsmodell für die Deutsche Tourenwagen-Meisterschaft auf. Als jedoch die Nachfrage ständig stieg, wurde ein Serienmodell daraus. Als Straßenracer ohne Katalysator kam der M3 mit 195 PS zum Kunden, was ein Top-Tempo von 228 km/h ermöglichte. Die Abnehmer waren begeistert von der Schaltwegeverkürzung, bei den Evo-Modellen stand der auf die Gfk-Heckklappe geschraubte Heckflügel mit einstellbarer Spoilerlippe hoch in der Käufergunst. 1985 musste man zwar satte 58.000 Mark für so ein Sportgerät bezahlen, der Wagen wurde trotzdem (auch für BMW) ein Renner: knapp 18.000 Stück konnte BMW verkaufen. Hinzu kamen noch einmal 800 Cabrio-Versionen und 600 „M3 Sport Evolution“, die für je 93.000 Mark Ende des Jahrzehnts 238 PS aus dem nun auf 2,5 Liter Hubraum vergrößerten Vierzylinder zauberten. Seitdem ist BMW ohne M3 im Programm undenkbar – eben gelebter Kult.

BMW Z1

Alleine schon die Story, wie der BMW Z1 wurde, was er ist, macht ihn zu einem ganz besonderen Auto: Der damalige Boss der neu gegründeten BMW Technik GmbH, Ulrich Bez, erhielt vom Vorstand zehn Millionen Mark mit der Vorgabe, „mal etwas anderes" auf die Räder zu stellen. Bez fackelte nicht lange und ersann mit seinem Team einen Roadster, dessen Konstruktion kein Vorbild hatte und die auch nie später in einem Serienauto nachgemacht wurde. Der Clou waren die Türen: Sie konnten elektrisch in den hohen Seitenschwellern versenkt werden. Der TÜV erlaubte sogar die Fahrt „mit ohne" Türen, nachdem Tests mit Dummys ergaben, dass sie auch bei schneller Fahrt nicht aus dem Auto fielen. Die Plastikkarosserie drückte das Gewicht des Zweisitzers auf 1250 Kilo. Das Design begeisterte sofort die Fangemeinschaft, als der Wagen als „Z1" (Z für Zukunft) auf der IAA 1987 gezeigt wurde. Allerdings war hier und da Enttäuschung zu spüren, als die Sprache auf den Antrieb kam: Unter der Haube steckte der recht kurzatmige Reihensechszylinder aus dem BMW 325i mit „nur" 170 PS – der Sportler sah aber glatt nach 270 PS aus. Und dafür mehr als 80.000 Mark verlangen? 8000 Käufer störte das nicht. Heute guckt jeder, aber wirklich jeder Autointeressierte dem Unikum aus den 80ern wehmütig nach.

BMW Z1	
Bauzeit:	1988 – 1991
Motor:	Reihensechszylinder
Hubraum:	2494 cm^3
Leistung:	170 PS
Antrieb:	Hinterräder
Gewicht:	1250 kg
V_{max}:	225 km/h

BMW 850i

Ende der 80er Jahre glaubte schon niemand mehr, dass BMW es schaffen würde, einen Nachfolger für das feine Sechser-Coupé auf die Räder zu stellen. Doch weit gefehlt – alleine wegen des ewigen Kampfes mit Mercedes musste BMW handeln. Aber wenn, dann auch richtig: Die Achter-Reihe war nicht nur von der Bezeichnung her, sondern auch im Hinblick auf die Technik ein BMW aus dem obersten Regal. Das Styling stammte von den Designern Claus Luthe und Klaus Kapitza. Unter dem schönen keilförmigen Blech steckte der Fünfliter-V12, der zunächst 300 PS leistete, später dank auf 5,4 Liter vergrößertem Hubraum 381 PS. Mit 550 Newtonmeter maximalem Drehmoment war dieser leistungsgesteigerte 850er, der das Kürzel CSi bekam (siehe Abbildung), der absolute Dampfhammer – ein Jammer, dass BMW die Höchstgeschwindigkeit auf 250 km/h begrenzte. Das absolute Top-Modell der Bayern kostete 180.000 Mark, Luxus-Gimmicks wie Klimaautomatik mit Partikelfilter, Tempomat sowie einen Scheibenwischer mit tempoabhängig variierendem Anpressdruck inklusive. In den 90er Jahren folgte eine V8-Version – aber die braucht noch ein bisschen, um Kult zu werden.

Und BMW arbeitet schon an einer Fortsetzung: Gut 20 Jahre nach Einstellung der intern E31 bezeichneten Baureihe, geht ab 2018 der Nachfolger an den Start. Den Gipfel von Sportlichkeit und Exklusivität soll dann das Kürzel G15 markieren. Mit seinem atemberaubenden Design, das unter Designchef Adrian van Hooydonk entstand, und einem bis zu 610 PS starken V12-Triebwerk unter der Haube verfügt das bei ca. 150.000 Euro angesiedelte ultimative Luxuscoupé über genügend Potenzial als zukünftiges Kultauto ...

BMW 850i	
Bauzeit:	1989-1999
Motor:	V12
Hubraum:	4988 cm³, 5379 cm³
Leistung:	300 PS, 381 PS
Antrieb:	Hinterräder
Gewicht:	1780 – 1955 kg
Vmax:	250 km/h

BRISTOL 412 S2

Was für eine fast schon spleenige englische Firma Bristol ist, können Sie im Kapitel der 70er Jahre nachlesen – zu welchen Produkten das führte, bewies einmal mehr der 412. Ein britischer Journalist beschrieb das Auto sehr passend als „das Ergebnis eines Zusammentreffens automobiler Exzentriker“: Mitte der 70er Jahre brauchte Bristol-Eigner Anthony Crook einen schnellen offenen Viersitzer fürs Portfolio, und so beauftragte er Zagato, sich um eine neue Form zu kümmern. Die Italiener schielten zum Lancia Beta Spider und lieferten zunächst den 412 Series 1 auf der technischen Basis des geschlossenen 411 mit 6,5-Liter-V8 von Chrysler ab (1975 bis 1978). Es folgte der optisch sehr ähnliche 412 S2 (siehe Foto), der bis 1986 gebaut wurde, nun mit Chrysler-5,9-Liter-V8. Aus Sicherheitsgründen besaß der große Wagen einen massiven Überrollbügel zum herausnehmbaren Hardtop samt Softtop für die hintere Partie. Neu war die elektrische Absenkung der rahmenlosen Türscheiben. 1980 verpassten die Briten ihrem Top-Modell übrigens einen Turbolader und gaben ihm den Beinamen „S3 Beaufighter“, der damit überhaupt das erste englische „Serien“-Auto mit Turbolader war. Durch die Zwangsbeatmung rannte der Wagen bis zu 240 km/h – er war damit eine echte Rakete auf Rädern. Die allerdings auch locker 30 Liter auf 100 Kilometer verbrauchte. Die stets undurchsichtigen Geschäftsgebaren von Crook ließen zu keiner Zeit zu, dass die Öffentlichkeit auch nur ungefähre Stückzahlen von gebauten oder verkauften Modellen kannte. Es sollen aber tatsächlich ein paar Exemplare des 412 S2 auf freiem Asphalt gesichtet worden sein ...

BRISTOL 412 S2	
Bauzeit:	1978 – 1986
Motor:	V8
Hubraum:	5898 cm³
Leistung:	172 PS
Antrieb:	Hinterräder
Gewicht:	1751 kg
Vmax:	225 km/h

CADILLAC ALLANTÉ

Welche fast schon wahnsinnigen Blüten der Autobau in den 80er Jahren trieb, verdeutlicht wohl kaum ein Auto besser als der Cadillac Allanté. Nicht das Ansinnen der GM-Division, dem erfolgreichen Mercedes SL eine amerikanische Variante entgegen zu setzen, lässt einen heute noch den Kopf schütteln, sondern der Aufwand bei der Produktion: Cadillac verschickte die fertigen Bodengruppen des Cabrios per Flugzeug (drei Cargo-Boeing 747 von Lufthansa und Alitalia, je Flug sollten 56 Karosserien transportiert werden) von Detroit nach Turin, wo sie von Pininfarina eingekleidet wurden (die Italiener waren auch für das Design verantwortlich, bis auf den Kühlergrill). Die Italiener steckten die nun halbfertigen Autos zurück in die Jumbos, die sie wieder nach Amerika beförderten. Das Endergebnis: Ein feines, schickes, offenes Auto mit 203 PS starkem V8-Motor, dessen Produktion pro Stück wahrscheinlich mehr CO_2 erzeugte als einen Monat Rush-Hour in Dehli. Und das mit 54.000 Dollar pro Stück mehr kostete, als sich die angestrebte Klientel leisten konnte. An Luxus mangelte es natürlich nicht: Es gab ein Leichtmetall-Hardtop, ABS und auf der Mittelkonsole eine Menge an vielen wichtigen Knöpfen und Schaltern. Trotzdem wurden nur knapp 21.500 Stück in sechs Jahren gebaut – GM hatte mit doppelt so vielen Exemplaren gerechnet.

CADILLAC ALLANTÉ	
Bauzeit:	1987 – 1993
Motor:	V8
Hubraum:	4467 cm^3
Leistung:	203 PS
Antrieb:	Hinterräder
Gewicht:	1687 kg
V_{max}:	210 km/h

CADILLAC SEVILLE (3. GENERATION)

Die dritte Generation des Cadillac Seville verabschiedete sich mit seinem wuchtigen Design und der steil stehenden Heckscheibe noch mehr vom europäischen Geschmack als der schon recht sonderbare Vorgänger mit seinem scheinbar aufgesetzten und schräg nach hinten abfallenden Kofferraum. Dabei konnte die Karosserie mit 4,8 Metern Länge recht kompakt ausfallen, weil der Seville das erste Serienauto mit quer eingebautem V8 war. Die Schrumpfkur kam auch dem Gewicht zugute, das von 1725 auf 1555 Kilo sank. Die hubraumhungrige Kundschaft wurde zunächst mit einem 4,1-Liter-V8 befriedigt, der allerdings nur 132 PS leistete. Die amerikanisch-sanfte Art des Hinternschaukelns übernahmen vorne Federbeine mit unteren Dreiecksquerlenkern, hinten baute Cadillac Dämpferbeine, untere Dreiecksquerlenker und eine quer angeordnete Fiberglas-Blattfeder ein. Als STS-Versionen (Sport Touring Sedan) verließen Modelle mit strafferem Fahrwerk die Bänder, beim wieder wesentlich größeren Nachfolger bedeutete das Kürzel eine eigene Modellvariante. Trotz aller Bemühungen verkaufte Cadillac allerdings nur 142.000 Stück der aufgrund ihrer Besonderheiten unvergessenen dritten Generation.

CADILLAC SEVILLE (3. GENERATION)	
Bauzeit:	1985 – 1991
Motor:	V8
Hubraum:	4128 cm³
Leistung:	132 PS
Antrieb:	Hinterräder
Gewicht:	1555 kg
Vmax:	k. A.

CHEVROLET K5 BLAZER

Der K5 Blazer von Chevrolet gehörte von Anbeginn im Jahr 1969 zur kleinsten Truck-Version der C/K-Familie. Die zweite Generation des für amerikanische Verhältnisse kompakten SUV gab es bis 1982 auch mit Hinterradantrieb, ab diesem Zeitpunkt jedoch nur noch als Allradler. Kleinster Motor war ein 4,1-Liter-Reihensechszylinder, potentester Antrieb ein 6,2-Liter Detroit-Diesel mit maximal 143 PS. Der hintere Teil des Kunststoffhardtops war abnehmbar, eine Cabrio-Version wurde nicht angeboten. Über die gesamte Bauzeit zogen sich Merkmale wie die genau waagerecht verlaufende Motorhaube durch das Design, was den Ami fast schon quadratisch aussehen ließ. Das Kastenstyling hatte den Vorteil, dass die Insassen beste Übersichtlichkeit genossen, vorne die große Motorhaube von Anfang bis Ende sichtbar war und innen viel Platz zur Verfügung stand. Luxus lag im Auge des Betrachters – die Sitze wurden manuell eingestellt, ausgefeilte Technik wurde nur dort eingesetzt, wo es wirklich nötig war (zum Beispiel bei der Servo-Lenkung). Die weiche Federung (Starrachsen mit Blattfedern) ließ den gut zwei Tonnen schweren Klotz amerikanisch typisch nachwanken. Der SUV-Truck galt stets als leise, zäh, stark und zuverlässig. Kult-Auto-Autor Fritz B. Busch nannte den Blazer dementsprechend „Luxus-Traktor für Männer, die Pfeife rauchen".

CHEVROLET K5 BLAZER	
Bauzeit:	1969 – 1991
Motor:	Reihensechszylinder, V8
Hubraum:	4096 – 6210 cm³
Leistung:	bis 143 PS
Antrieb:	Hinterräder, Allrad
Gewicht:	1530 – 2834 kg
Vmax:	k. A.

CHRYSLER VOYAGER

Am 2. November 1984 lief erstmals der moderne Minivan vom Band – zunächst als Plymouth Voyager, dann leicht modifiziert als Chrysler Voyager und Dodge Caravan. Erst 1988 erreichte das nur gut 4,5 Meter lange Raumwunder (als Chrysler) Europa und damit die Herzen aller Platzsuchenden in der Alten Welt – natürlich auch aus Mangel an Alternativen, die bislang nur Renault Espace und Mitsubishi Space Wagon hießen. Die Idee zum Raumtransporter hatte Car-Guy Lee Iacocca, der trotz aller Liebe zu Straßenkreuzern und Sportwagen (er war auch der geistige Vater des Ford Mustang) die Zeichen der Zeit erkannte. Das Konzept beinhaltete vor allem sieben Sitze sowie drei Türen plus eine große an der Seite angebrachte Schiebetür. Die Motoren waren mit 2,5 bis 3,3 Liter Hubraum nicht übermäßig groß. Wohl auch ein Grund, warum der Van in Europa so viele Fans fand.

CHRYSLER VOYAGER	
Bauzeit:	1984 – 1991
Motor:	Vierzylinder, V6
Hubraum:	2501 – 3301 cm^3
Leistung:	101 – 152 PS
Antrieb:	Vorderräder
Gewicht:	1565 – 1610 kg
V_{max}:	150 – 180 km/h

CHRYSLER LEBARON CONVERTIBLE

Wenn in den 1980er Jahren überhaupt ein amerikanisches Auto in Deutschland eine Chance für nennenswerte Stückzahlen hatte, dann war es der Chrysler LeBaron als Cabrio. 1986 erhielt die neue Generation eine geglättete Form, die fast elegant aussah mit ihrer tief herunter gezogenen Front. Highlight der schnörkellosen Karosserie waren Frontscheinwerfer, die hinter Klappen versteckt wurden und 1993 der Modellpflege zum Opfer fielen. Für die Amis war der Wagen klein – ein „personal luxury car" auf J-Plattform. Unter der Haube steckten Vierzylinder mit 2,2 und 2,5 Liter großen Hubräumen oder später wahlweise ein Dreiliter-V6 von Mitsubishi. Angetrieben wurden die Vorderräder. Die Kunden hatten die Wahl zwischen einer Dreigangautomatik und einem Fünfgang-Schaltgetriebe. Chrysler führte im LeBaron (wie übrigens zeitgleich im Dodge Daytona) sogar ein Sprachsystem ein, das 24 verschiedene Warnungen aussprechen konnte, falls etwas am Auto nicht stimmte. Glaubt man zeitgenössischen Berichten, wollte damals allerdings kaum jemand das Gequatsche hören.

CHRYSLER LEBARON CONVERTIBLE	
Bauzeit:	1986 – 1995
Motor:	Vierzylinder, V6
Hubraum:	2213 – 2972 cm³
Leistung:	101 – 176 PS
Antrieb:	Vorderräder
Gewicht:	1216 – 1442 kg
V_{max}:	165 – 185 km/h

CITROËN BX

Citroën war schon immer mutig – das gilt auch für den BX, der 1982 kam. Die Designer, die erstmals aus dem Hause Bertone stammten, hatten bereits CAD-Computer eingesetzt, und das Ergebnis war eine recht kantige, aber unverwechselbare Form des neuen Mittelklassewagens, der zwischen GS und CX eingeordnet wurde und dessen Hauben aus Kunststoff leicht flattern konnten. Der BX fand schnell Freunde – besonders mit Dieselmotor, der ab 1983 zu haben war. Ein sportlicher 1.9 GTI (Abbildung) mit 125 PS kam 1986, schon ein Jahr vorher bot Citroën auch eine Kombiversion an. Die wirkte optisch besonders ausgefallen, was daran lag, dass der PSA-Konzern aus Kostengründen weder den Radstand noch die Fondtüren änderte. Die Hydropneumatik ließ den Fahrer das Citroën-typische Schweben beim Fahren genießen, die automatische Niveauregulierung war nicht nur Luxus. Ungewöhnlich auch der Innenraum: Das Einspeichenlenkrad war umgeben von zwei fingernah angeordneten Tastenträgern, der Tacho war als Lupe ausgeformt, der elektronische Drehzahlmesser ein Leuchtenband. Das waren noch Zeiten ...

CITROËN BX	
Bauzeit:	1982 – 1994
Motor:	Vierzylinder
Hubraum:	1360 – 1891 cm³
Leistung:	62 – 125 PS
Antrieb:	Vorderräder
Gewicht:	885 – 1180 kg
V_{max}:	155 – 198 km/h

CITROËN XM

Mit dem XM, an dessen Linien sowohl der Hersteller selbst als auch Peugeot und das Designbüro Bertone mitarbeiteten, stellte Citroën Ende der 80er Jahre wieder eine große Limousine auf die Räder. 1990 wurde sie zum „Auto des Jahres" gewählt – wohl auch wegen des gelungenen und einzigartigen „Pavillon"-Designs. Mit der weiterentwickelten Hydropneumatik (Hydractive) war der XM das erste Serienauto mit elektronisch gesteuertem Fahrwerk: Dazu wurden je eine Federkugel an Vorder- und Hinterachse sowie je zwei weitere Dämpfereinsätze hinzugefügt. Die Elektronik wählte, welche Einstellung je nach Tempo, Karosseriebewegung, Bremsdruck, Lenkradeinschlag und anderen Parametern die optimale war. Überhaupt Elektronik: Der Franzose hatte eine Menge davon, was ihm auch teilweise genauso viele Probleme bereitete. Top-Modell war der XM mit Dreiliter-V6 (siehe Abbildung), der mit 200 PS lockte, aber erst ab Herbst des Jahres zu haben war. Mit 222 km/h Spitze war der Wagen ganz vorne mit dabei. Leider erwies sich das Aggregat als nicht so standfest wie von den Kunden erwartet. Später entstand auch eine Kombiversion mit enorm viel Platz, gebaut bei Heuliez. In zwölf Jahren Bauzeit konnte Citroën immerhin 300.000 Stück des individualistischen XM verkaufen.

CITROËN XM	
Bauzeit:	1989 – 2000
Motor:	Vierzylinder, V6
Hubraum:	1998 – 2975 cm^3
Leistung:	82 – 200 PS
Antrieb:	Vorderräder
Gewicht:	1564 kg
V_{max}:	176 – 222 km/h

DATSUN/NISSAN PRAIRIE

Im Spätsommer 1982 erreichte eine auf den ersten Blick ganz und gar unauffällige und geradezu langweilige Kiste Europa, der Nissan Prairie (in den USA Nissan Stanza Wagon, in Kanada Nissan Multi). Doch der Japaner hatte es faustdick hinterm Blech – er galt später als erste Frühform eines Minivans. Der Mittelklasse-Großraumkombi ohne B-Säule mit der Technik des Nissan Stanza bot einer fünfköpfigen Familie samt Urlaubsgepäck Platz und war doch nur zehn Zentimeter länger als die zweite Generation des VW Golf und zehn Zentimeter kürzer als ein VW Jetta. Völlig neu und unendlich praktisch waren die beiden Schiebetüren hinten. Als 4x4 wurde er dank zuschaltbarer Hinterachse zum Allradler. Was machte es da schon, dass die Handbremse oberhalb des Autoradios platziert war und das Radio nahe am Fahrzeugboden. 1985 erhielt der Prairie eine Rolle im Film „Die Einsteiger“ mit Thomas Gottschalk und Mike Krüger – sowohl cineastisch als auch wirtschaftlich hätte er eigentlich Besseres verdient ...

DATSUN/NISSAN PRAIRIE	
Bauzeit:	1981 – 1988
Motor:	Vierzylinder
Hubraum:	1488 – 1974 cm³
Leistung:	85 – 97 PS
Antrieb:	Vorderräder, Allrad
Gewicht:	1090 – 1380 kg
Vmax:	145 – 160 km/h

DATSUN/NISSAN 200SX/SILVIA

Die vierte Generation des Nissan 200SX, die in Europa nur als Schrägheckvariante und mit Vierzylindermotoren zu haben war und hierzulande „Silvia" hieß, war ein mittelgroßer, recht leichter und agiler Sportwagen, der alle Vorteile japanischer Autobaukunst in sich vereinigte: ein gefälliges Design, gute Ausstattung, günstiger Preis. Zunächst wurde nur ein 145 PS starker Zweiliter-Vierzylinder für 26.995 Mark angeboten, 1985 gesellte sich ein 1,8-Liter-Turbobenziner mit 122 PS für fast 30.000 Mark hinzu. Den 160 PS starken Sechszylinder behielten die Japaner für sich, ebenso die kantige Stufenheckversion. Nach unten hin rundete ein 90 PS starker Vierzylinder die Modellpalette ab, der aber seinen Weg nach Europa ebenfalls nicht schaffte. Schließlich gab es den Silvia bei uns auch noch etwas aufgepimpt mit Kotflügelverbreiterungen, breiten Puschen und Seitenschürzen als Silvia Grand Prix für 32.995 Mark. Bis 1985 lief übrigens die vorherige Generation noch als Motorsportversion 240RS bei der Rallye-Weltmeisterschaft und errang 1983 immerhin den zweiten Platz der Neuseeland-Rallye. Alte Eisen driften eben auch ...

DATSUN/NISSAN 200SX/SILVIA	
Bauzeit:	1983 – 1989
Motor:	Vierzylinder, V6
Hubraum:	1809 – 2960 cm³
Leistung:	98 – 160 PS
Antrieb:	Hinterräder
Gewicht:	960 – 1240 kg
Vmax:	165 – 210 km/h

DELOREAN DMC-12

Um wohl nur wenige andere Autos der 80er Jahre ranken sich so viele Mythen, Geschichten und Legenden wie um den DeLorean. Es begann damit, dass der ehemalige GM-Vizepräsident John Zacharias DeLorean ein „ethisches“, also langlebiges und sicheres Auto bauen wollte – was er bei GM nicht konnte. Also kündigte er (unter Druck) und ließ sich einen Designvorschlag für sein eigenes Auto von Giorgetto Giugiaro entwerfen. Als Entwicklungspartner gewann er Lotus. Die Briten entwickelten in kürzester Zeit ein Zentralträger-Chassis auf Esprit-Basis. Sie bauten dann noch den V6-Euro-Motor von Peugeot und Konsorten mit recht mageren 132 PS ein. Und zwar nicht als Mittelmotor, sondern hinten, was den Wagen ausgesprochen hecklastig machte. Bei der Karosserie hatte sich DeLorean für Edelstahlbeplankung auf Kunststoff-Trägern entschieden. Das machte zum Beispiel die spektakulären Flügeltüren möglich, die aus Stahl bestanden und den kleinen Sportler charakterisierten. DeLorean stampfte mit erheblicher Unterstützung des britischen Steuerzahlers eine Fabrik in Nordirland aus dem Boden und begann mit dem Serienbau – in Deutschland kostete der Wagen 1982 teure 74.797 Mark. Doch die Qualität der Fahrzeuge schwankte stark, die Flügeltüren waren zu schwer, die Lucas-Bordelektronik anfällig und die britische Regierung weigerte sich bald, noch mehr Geld in das Auto zu stecken. Zudem wurde DeLorean in Sachen Geldbeschaffung mit Kokainschmuggel in Verbindung gebracht – letztlich musste er seinen Traum begraben. Nur etwa 8500 Exemplare seines Autos entstanden. Trotzdem wurde der Wagen unsterblich: Er spielte die automobile Hauptrolle in der Hollywood-Trilogie „Zurück in die Zukunft“, wo er die Protagonisten als Zeitmaschine durch die Jahrhunderte transportierte, bis er schließlich von einer Lokomotive in Millionen Einzelteile zerschreddert wurde.

DELOREAN DMC-12	
Bauzeit:	1981 – 1982
Motor:	V6
Hubraum:	2849 cm³
Leistung:	132 PS
Antrieb:	Hinterräder
Gewicht:	1268 kg
V_{max}:	200 km/h

FERRARI 308 GTS / GTB

Eine besonders langlebige Modellreihe legte Ferrari mit dem 308 im Jahr 1976 auf – sozusagen als echten Nachfolger des Mittelmotormodells Dino. Denn der Dino 308 GT, den Ferrari Mitte der 70er Jahre baute, war ein 2+2-Sitzer, nur als Coupé zu haben und stammte aus der Feder von Bertone, was echte Ferrari-Fans die Nase rümpfen ließ. Mit dem 308 GTB und GTS kehrten die Italiener nun zur reinen Mittelmotorsportwagenlehre zurück, für das Design zeichnete (endlich) wieder Pininfarina verantwortlich. Der Modellname bezeichnete mit den ersten beiden Ziffern den Hubraum des Motors in Dezilitern, die letzte stand für die Anzahl der Zylinder. GTB stand für das Coupé („Gran Turismo" sowie „B" für „Berlinetta", also „kleine Limousine"), GTS für die Spider-Version. Die ersten GTB und GTS besaßen eine Kunststoffkarosserie, die späteren eine konventionelle aus Blech. Ab 1981 bot Ferrari seine 308er aufgrund einer verschärften Abgasgesetzgebung mit Einspritzmotoren an, die etwas schwächer waren als

die Saugversionen. Wiederum später kamen erstarkte Vierventilmotoren zum Einsatz. Die 208 GTB und GTS mit Zweilitermotoren waren nur für den italienischen Markt bestimmt. Kult wurde der 308 übrigens hauptsächlich durch den Einsatz von angeblich insgesamt 17 Exemplaren als Dienstfahrzeuge des Privatdetektivs „Magnum" (Tom Selleck), der sich in der gleichnamigen US-Krimi-Serie trotz seiner imposanten Footballer-Figur erstaunlich elegant in die eng geschnittenen Sportwagen zwängte.

FERRARI 308 GTS / GTB	
Bauzeit:	1976 – 1985
Motor:	V8
Hubraum:	2926 cm^3, 3195 cm^3
Leistung:	255 PS, 270 PS
Antrieb:	Hinterräder
Gewicht:	ab 1090 kg
V_{max}:	250 – 260 km/h

FERRARI MONDIAL

Mit dem Mondial versuchte Ferrari, einen Sportwagen für jeden Markt der Welt zu kreieren. Die Form hatte Hausdesigner Pininfarina gezeichnet, was Traditionalisten aufatmen ließ, die lange das Design des von Bertone gestylten Mondial-Vorgängers 308 GT4 bemäkelt hatten. Andere wiederum fanden auch die Pininfarina-Form nicht optimal gelungen, besonders wegen der eigenwilligen Proportionen – so schrieb ein Journalist, der knapp 4,6 Meter lange Wagen sei „zu lang für seine Breite ...“ Auch mit dem Motor unter der Haube waren nicht alle einverstanden: Der V8 war zwar der erste schadstoffarme Achtzylinder mit Benzineinspritzung von Ferrari, leistete aber nur 214 PS. Was bedeutete, dass ab 200 km/h nicht mehr viel passierte. Deshalb gab es den Mondial, der als Coupé und als Cabriolet zu haben war, ab 1982 mit Vierventilmotor, der für immerhin 240 PS sorgte. 1985 legte Ferrari nach und baute auf Wunsch einen 3,2-Liter-V8 ein, der mit 270 PS nun vollauf überzeugte.

FERRARI MONDIAL	
Bauzeit:	1980 – 1989
Motor:	V8
Hubraum:	2926 cm³, 3185 cm³
Leistung:	214 – 270 PS
Antrieb:	Hinterräder
Gewicht:	1410 – 1490 kg
V_{max}:	225 – 250 km/h

FERRARI TESTAROSSA

Eigentlich ist jeder Ferrari Kult – das hatte Enzo schon zu Lebzeiten eingefädelt. Mitte der 80er Jahre war es besonders der Testarossa, der nicht nur die Perfektion eines Sportwagens darstellte, sondern auch stilbildend sein sollte. Da war zunächst die von Pininfarina aerodynamisch perfektionierte Karosserie, die durch die großen seitlichen Kiemen auffiel. Hier strömte Kühlluft zum genialen Fünfliter-V12-Flachmotor, der die Hinterräder antrieb und mit 390 PS für Fahrleistungen um die 300 km/h sorgte – auf ihm thronten rote Ventildeckel, die dem Auto seinen Namen einbrachten („Testa Rossa" gleich „Roter Kopf"). Wer den Sprint in 5,8 Sekunden genießen wollte, musste (1989) allerdings erstmal 239.900 Mark in die Kasse von Ferrari legen. Solche Daten überzeugten auch die Hollywood-Produzenten, die nicht nur Don Johnson und Philip Michael Thomas in der späteren Kult-Krimi-Serie „Miami Vice" zu Bekanntheit verhalfen, sondern auch einen Testarossa als Dienstwagen des verdeckten Ermittlers Sonny Crockett (Johnson) zum heimlichen Star machten, nachdem Enzo Ferrari der zuerst verwendete Daytona-Spider-Nachbau von McBurnie Coachcraft extrem missfiel und eine Änderung der unhaltbaren Situation wünschte …

FERRARI TESTAROSSA	
Bauzeit:	1984 – 1996
Motor:	V12
Hubraum:	4942 cm³
Leistung:	390 PS
Antrieb:	Hinterräder
Gewicht:	1506 kg
V_{max}:	ca. 300 km/h

FERRARI 288 GTO

Okay, so berühmt wie der 250 GTO von 1962 wurde der GTO 288 von 1984 nicht, aber immerhin war der Wagen bei der Präsentation in Genf 1984 der schnellste Straßen-Ferrari, den die Roten bis dato je gebaut hatten. Mit 305 km/h knackte das Coupé die magische Dreihunderter-Marke, was niemanden wunderte, denn das Auto war ursprünglich für den Rallye-Sport entwickelt worden. Die Karosserie bestand aus glasfaserverstärktem Kunststoff, Dach und Heck aus einem Kevlar-Nomex-Material – ein sehr kostenintensiver Verbundwerkstoff, der normalerweise in der Formel 1 zum Einsatz kam und nun erstmals in einem Straßenauto zu finden war. Um seine Nähe zum Rennsport zu verdeutlichen, trug der 288 GTO als erster Straßenwagen das Ferrari-Markenzeichen, („Cavallino Rampante", das

aufsteigende Pferd) auch auf den Kotflügeln – das war bislang nur den Formel-1-Rennern vorbehalten. Als Antrieb arbeitete ein Leichtmetall-V8 mit zwei Turboladern, der längs vor der Hinterachse saß. Die 400 PS hatten mit dem gut 1,1 Tonnen schweren Ferrari keine Mühe – damit geriet der 288 GTO zum Vorläufer aller Ferrari-Supersportwagen.

FERRARI 288 GTO	
Bauzeit:	1984 – 1985
Motor:	V8
Hubraum:	2855 cm^3
Leistung:	400 PS
Antrieb:	Hinterräder
Gewicht:	1160 kg
V_{max}:	305 km/h

FERRARI F40

Wenn es in den 80er Jahren schon einen Supersportwagen gab, dann war es der Ferrari F40 – gebaut zur Feier des 40-jährigen Bestehens der Sportwagenfirma aus Maranello. Vordergründig lag das an dessen brachialem Auftreten: eine Kohlenstofffaser verstärkte Karosserie von Pininfarina in extremer Keilform wurde gekrönt von einem feststehenden Heckspoiler, der auch als Küchentheke eine gute Figur gemacht hätte. Unter dem beeindruckenden Kleid steckte ein Rennmotor – der V8-Turbo bot sagenhafte 478 PS, die den gut 1,2 Tonnen schweren Sportwagen auf 325 km/h katapultierten. Klappscheinwerfer erlaubten eine tief abgesenkte Front. Der Sprint in 4,1 Sekunden konnte trotzdem von der Lichthupe begleitet werden, da sich die Leuchten dafür in extra Glasbereichen vorne unten befanden. Auf der hauseigenen Testtrecke Fiorano benötigte der F40 1:29,6 Minuten, womit das Auto zu seiner Zeit der mit Abstand schnellste Straßen-Ferrari war. Er wurde nur an ausgewählte Kunden verkauft – wenn sie denn bereit waren, 444.444 Mark zu überweisen. Sollten eigentlich nur 450 Stück gebaut werden, ließen sich die Italiener durch die Nachfrage überzeugen, doch mehr Exemplare aufzulegen – letztlich wurden es mehr als 1300 Stück. Enzo Ferrari hätte es sicher gefreut: Der F40 war das letzte Modell, das unter den gestrengen Augen des Commendatore persönlich entstand, allerdings verstarb der Firmengründer am 14. August 1988.

FERRARI F40	
Bauzeit:	1987 – 1992
Motor:	V8
Hubraum:	2936 cm³
Leistung:	478 PS
Antrieb:	Hinterräder
Gewicht:	1254 kg
Vmax:	325 km/h

FIAT PANDA (1. GENERATION)

„Gesucht: Fahrer, die den Club of Rome nicht für eine neue heiße Disco halten." Hand aufs Herz: Wäre der Fiat Panda mit diesem Werbespruch Kult geworden? Der Disco-Spruch war bei den Turiner Verantwortlichen jedenfalls schon gesetzt, und in Turin sollte dieses minimalistische Auto auch gebaut werden. Laut Legende sagte jedoch jemand bei der Präsentation des Kleinwagens bewundernd: „Das ist eine tolle Kiste." Der anwesende Chef der deutschen Fiat-Werbeagentur soll sich diesen Ausruf gemerkt haben. Als 1980 der Werbeetat plötzlich halbiert wurde, sparte man sich auch das Nachdenken und griff zum Zitat der „tollen Kiste". Zum Glück! Zuerst waren die Kunden zwar pikiert, aber kurz darauf kannte schon die halbe Welt den Panda als „tolle Kiste". Zunächst angetrieben von dem Zweizylinder aus dem Fiat 126 bekam der puristische Zwerg später einen Einliter-Vierzylinder. Große Sprünge waren auch damit nicht machbar, dafür war der sympathische Italiener in jeder Version absolut sozialverträglich. Als dann noch mit der Allradversion (948 cm³, 84 PS)eine absolute Novität im Kleinwagensegment auftauchte und ein Exemplar bei der Rallye Paris-Dakar mitmischte, mussten selbst Fiat-Kritiker lächeln. Bella Macchina ...

FIAT PANDA (1. GENERATION)	
Bauzeit:	1980 – 1985
Motor:	Zweizylinder, Vierzylinder
Hubraum:	652 – 948 cm³
Leistung:	30 – 45 PS
Antrieb:	Vorderräder, Allrad
Gewicht:	700 – 850 kg
V_{max}:	115 km/, 140 km/h

FIAT RITMO (1. GENERATION)

Es existierten eine Menge Automodelle, die millionenfach gebaut wurden und heute schlicht und einfach verschwunden sind. Dazu gehört auch der Fiat Ritmo. Eigentlich war das Mittelklassemodell zumindest optisch eine echte Neuheit mit seinen tief liegenden runden Hauptscheinwerfern und den dunklen Plastikschürzen vorne und hinten – manchen Kunden war das allerdings zu individualistisch, sie zogen den konservativeren VW Golf vor. Unter der Haut war der Fiat nicht ganz so neu, steckte doch teilweise Technik vom Vorgänger Fiat 128 darunter. Aber vorne eingebaute Quermotoren, Frontantrieb und ein gutes Platzangebot waren absolut zeitgemäß, bis zu 85 PS ausreichend und eine große Heckklappe konkurrenzfähig. Warum heute von etwa 1,8 Millionen Exemplaren (insgesamt gebaut bis Ende 1988) so gut wie keines mehr existiert, liegt an der kritikwürdigen Verarbeitung und der fast nicht vorhandenen Rostvorsorge. Das gilt leider auch für das „italienische Erdbeerkörbchen“: Das von Bertone gebaute Ritmo Cabrio (1981 – 1987) wurde mit bis zu 105 PS ausgestattet, fiel der braunen Pest aber gefühlt auch genauso schnell zum Opfer wie es fuhr.

FIAT RITMO (1. GENERATION)	
Bauzeit:	1978 – 1982
Motor:	Vierzylinder
Hubraum:	1049 – 1717 cm^3
Leistung:	55 – 105 PS
Antrieb:	Vorderräder
Gewicht:	820 – 980 kg
V_{max}:	145 – 163 km/h

FORD CAPRI III

Unter der Bezeichnung „Project Carla“ entwickelten die Kölner Ford-Mannen den Capri in seine „zweieinhalbte“ Generation, manche nennen sie auch Generation III: Die 1974 erschienene zweite Auflage war 1978 deutlich verfeinert worden. Die gründliche Modellpflege umfasste einen neuen Kühler sowie markante Doppelscheinwerfer und gipfelte in verbesserter Aerodynamik, die auch den Spritkonsum verringerte. Als Ausstattungsvarianten wurden L, GL, S und Ghia angeboten. War das sportliche Coupé mit dem kleinsten Motor (70 PS) doch ein bisschen schwachbrüstig, powerten der Dreiliter-V6 mit 138 PS dank zweier Weber-Doppelvergaser oder der 2,8-Liter-V6 mit 160 PS aufgrund der mechanischen Benzineinspritzung K-Jetronic von Bosch schon ganz ordentlich los. Top-Motor war aber der 2,8-Liter-Turbo-Benziner, der ab 1981 genau 188 PS an die Hinterachse schickte. Optisch war die Kraft an einer Bugschürze, breiteren Radhäusern, größer dimensionierten Reifen und einem Heckflügel zu erkennen. Innen genoss der Fahrer Recaro-Sportsitze, Veloursppolster und Musik aus einem Stereo-Kassettengerät. Das Fahrwerk war straff abgestimmt und die Bremsen der Kraft angepasst. 1984 endete leider der Verkauf in Deutschland. In England lief die Produktion noch bis 1986: Im Dezember lief der letzte der insgesamt 1.886.647 gebauten Capris vom Band.

Unvergessen bleiben auch die TV-Auftritte des Kult-Ford in der Fernsehserie „Die Profis“ (original: The Professionals). Die Protagonisten William Bodie und Raymond Doyle zirkelten in dieser britischen Kriminal- und Agenten-Actionserie den silbernen Capri 3,0 S in spektalulären Drifts um die Kurven, immer auf der Jagd nach den Bösewichten.

FORD CAPRI III	
Bauzeit:	1978 – 1986
Motor:	Vierzylinder, V6
Hubraum:	1593 – 2993 cm^3
Leistung:	70 – 188 PS
Antrieb:	Hinterräder
Gewicht:	1010 – 1219 kg
V_{max}:	150 – 215 km/h

FORD ESCORT XR3I

Der Ford Escort, erstmals 1967 vorgestellt, wäre einfach nur ein weiteres Massenkompaktwagenmodell der Kölner, hätten sie nicht auch an die sportlichen Kunden gedacht. Als XR3i wurde der Escort plötzlich für jeden Halb- oder auch nur Viertelstarken interessant – mit 105 PS bei einem Gewicht von weniger als einer Tonne konnte man schon die eine oder andere unwissende Lady beeindrucken. Die Kraft erreichte Ford durch eine andere Nockenwelle im ursprünglich 96 PS leistenden Vierzylinder sowie durch die Bosch-Einspritzanlage K-Jetronic und durch eine geänderte Auspuffanlage. Der XR3i fuhr einen Ölkühler spazieren und erhielt den fünften Gang des Schaltgetriebes als echten Fahrgang statt mit Spritspar-Auslegung. Die Karosserie wurde vorne um drei, hinten um zwei Zentimeter tiefer gelegt, das Fahrwerk daraufhin neu abgestimmt und die hinteren Trommelbremsen verstärkt sowie mit asbestfreien Belägen versorgt. Den XR3i gab es sowohl als Limousine als auch als Cabrio – war ne tolle Knallschüssel …

FORD ESCORT XR3I	
Bauzeit:	1982 – 1985
Motor:	Vierzylinder
Hubraum:	1598 cm^3
Leistung:	105 PS
Antrieb:	Vorderräder
Gewicht:	ca. 950 kg
V_{max}:	188 km/h

FORD SIERRA RS COSWORTH

Eigentlich war der Ford Sierra eine zwar ungewöhnlich gestaltete, aber recht biedere Familienlimousine. Doch Stuart Turner, Chef von Ford Motorsport in Europa, kam 1985 auf die glorreiche Idee, das Kölner Gewächs mit allem auszustatten, was der Motorsport so hergab, und so stand auf dem Genfer Salon der Sierra RS Cosworth. „RS" wie „Renn-Sport": Cosworth hatte ein bisschen am Zweiliter-Vierzylinder „geschraubt", ihm einen Turbolader mit Ladeluftkühler und einen 16-Ventil-Zylinderkopf spendiert und ihm somit wettbewerbstaugliche 204 PS eingehaucht. Auch die Karosserie wurde angepasst – besonders der doppelstöckige, feststehende Heckspoiler machte die Jugend wild. 6,8 Sekunden von 0 auf 100 km/h waren ein absolut thekendiskussionswürdiger Fabelwert für eine heißgemachte Limousine. Im Juli 1986 offiziell präsentiert, sicherte sich Ford im darauffolgenden Jahr mit dem „Cossie" einen Start-Ziel-Sieg beim legendären 24-Stunden-Rennen auf dem Nürburgring (am Steuer das Trio Ludwig/Niedzwiedz/Soper) und in der Saison 1988 mit dem Routinier Klaus Ludwig den Gewinn der hart umkämpften Deutschen Tourenwagenmeisterschaft DTM. Weitere erfolgreiche Einsätze in der Tourenwagen-Weltmeisterschaft (World Touring Car Championship, siehe kleines Bild) und der Britischen Touenwagenmeisterschaft (BTCC) schmücken die Sportbilanz eines der härtesten M3-Gegner im Tourenwagensport der 1980er Jahre.

5545 Stück wurden gebaut inklusive 500 dreitüriger, rechtsgelenkter RS500 Cosworth für England. Wer die Chance hat, heute mal einen zu fahren, sollte nicht nein sagen …

FORD SIERRA RS COSWORTH	
Bauzeit:	1986 – 1987
Motor:	Vierzylinder
Hubraum:	1993 cm^3
Leistung:	204 PS
Antrieb:	Hinterräder
Gewicht:	1217 kg
V_{max}:	238 km/h

FORD RS200

Für die Gruppe-B-Homologation des Ford Rallye Sport 200 musste Ford eigentlich 200 Exemplare eines Straßen-RS200 auf die Räder stellen, davon sollten 20 Stück reine Wettbewerbsfahrzeuge für den Rallye-Sport sein. Tatsächlich entstanden wohl nur etwa 140 Exemplare, aber die hatten es in sich: Allradantrieb, doppelte Schraubenfedern rundum gepaart mit Einzelradaufhängung an Dreieckslenkern, vier innenbelüftete Scheibenbremsen, darüber eine leichte GfK-Karosserie, designt von Ghia-Chefstylist Filippo Sapino. Als Motor arbeitete ein Vierzylinder-Turbo mit 250 PS, und der hatte es mit nur gut einer Tonne Wagengewicht zu tun. Optional waren auch bis zu 350 PS möglich. Wer 1985 ein Exemplar für 92.500 Mark ergattert hatte, musste aufgrund von akutem Platzmangel langsam hineinkriechen, seine Extremitäten unter dem unverstellbaren Sierra-Lenkrad einfädeln und mit dem engen Schalensitz zurechtkommen. So hockte der Pilot in einem Gitterrohrrahmen, der mit Honeycomb-Platten verstärkt war. Darüber gab's ein bisschen Kohlefaser-Aramid-Mix und viel Kunststoff. Der halbierte Formel-1-Motor litt an einem sehr ausgeprägten Turboloch im unteren Drehzahlbereich, aber ab 4000 Umdrehungen machte der RS200 nur noch Angst, wenn man das Auto nicht gewohnt war. Der RS200 war eigentlich ein purer Rennwagen – der wahrscheinlich nur deshalb eine Straßenzulassung bekam, weil alle Kölner Sachverständigen von so viel Frechheit geblendet waren. Sportlich kam das Ende für das „Gruppe-B-Monster" mit dem Abschluss der Rallye-WM 1986: Aufgrund tödlicher Unfälle und teils halsbrecherischen Geschwindigkeiten der Fahrzeuge schrieb die FIA die Gruppe B nicht erneut aus.

FORD RS200	
Bauzeit:	1985 – 1986
Motor:	Vierzylinder
Hubraum:	1803 cm^3
Leistung:	250 PS
Antrieb:	Allrad
Gewicht:	1050 kg
V_{max}:	240 km/h

Shell Oils
C200KHJ
PIRELLI
Shell
Shell Oils
Hella
PIRELLI
9

HONDA CRX

Sowohl Design als auch Kraft und Preis machten den Honda CRX – die Sport-Variante des Civic – schnell zu einem beliebten Fahrzeug für junge Leute. Schon in den 60er Jahren verstand Honda es, gut motorisierte und knapp geschnittene Coupés auf die Räder zu stellen, jetzt knüpften sie daran an. Der CRX war zunächst nur für den japanischen Markt gedacht, aber dann geriet er wohl doch zu attraktiv mit seinen halbverdeckten Scheinwerfern, dem nach hinten gleitenden Schiebedach, der Dachhutze, der kleinen Heckkante und den in Kontrastfarben gehaltenen Stoßstangen und Flanken, um auf der Insel sein Leben zu fristen. Die zwei Sitze hinten konnten zwar höchstens von Kleinstkindern belegt werden, jedoch waren die Lehnen klappbar und vergrößerten somit den Kofferraum bei Bedarf. In der Topausstattung genossen die Piloten nicht nur die sportlichen Fahrleistungen des Leichtgewichts, sondern auch ein Flüssigkristall-Display im Cockpit: Mit dem CRX war Honda ein echter kleiner Bringer gelungen.

HONDA CRX	
Bauzeit:	1983 – 1987
Motor:	Vierzylinder
Hubraum:	1488 cm³, 1590 cm³
Leistung:	100 PS, 130 PS
Antrieb:	Vorderräder
Gewicht:	825 – 897 kg
Vmax:	190 km/h, 202 km/h

HONDA PRELUDE (3.GENERATION)

HONDA PRELUDE (3.GENERATION)	
Bauzeit:	1987 - 1992
Motor:	Vierzylinder
Hubraum:	1994 cm³, 1958 cm³
Leistung:	109 - 140 PS
Antrieb:	Vorderräder
Gewicht:	1110 -1155 kg
Vmax:	183 - 205 km/h

Schon die erste Generation des Prelude, die 1978 auf den Markt kam, war in jeder Hinsicht gelungen. Serienmäßig inkludiert waren schon dort ein elektrisch betätigtes Glasschiebedach, ein Fahrwerk mit Schräg- statt Querlenkern hinten sowie Fünfganggetriebe und Metalliclack. Auch bei der dritten Generation Ende der 80er Jahre blieb Honda innovationsfreudig und präsentierte weltweit erstmalig die Vierradlenkung – wenn auch zum Aufpreis von 1400 Mark. Das „4WS" arbeitete rein mechanisch und sorgte dafür, dass der Wagen tatsächlich wie auf Schienen fuhr. Lastwechselprobleme gehörten der Vergangenheit an. Die Tester bemerkten aber schnell, dass das Heck bei zu stark eingeschlagenem Lenkrad in engen Kurven plötzlich überholen wollte. Optisch machte das nur mit einem Zweiliter-Motor erhältliche schicke Mittelklasse-Coupé eine gute Figur durch die flache Linie der Motorhaube mit den charakteristischen Klappscheinwerfern und durch die großen Glasflächen. Besitzer freuten sich über die gute Verarbeitung und die – wie bei Japanern dieser Zeit üblich – reichhaltige Ausstattung.

HH HR 999

ISDERA SPYDER 036I

Eberhard Schulz fing 1983 an, eigene Autos in Kleinstserie zu bauen, allesamt auf Mercedes-Basis. Das erste „Serien“-Modell des Böblinger Tüftlers in seiner Firma „Ingenieurbüro für Styling, Design und Racing“ war der Isdera Spyder 036i, den er jeweils auf Wunsch des Kunden spezialisierte – zum Beispiel in Sachen Sitze und Pedale für bestimmte Körpergrößen. Die Wagen gerieten völlig puristisch, waren zeitweise mit Triebwerken aus dem Mercedes 300 E ausgestattet, was 188 PS für nur 970 Kilo Wagengewicht bedeutete. Der Spaß kostete pro Exemplar rund 230.000 Mark, dafür besaß der Eigner aber auch einen ganz besonderen Exoten. Zwar stammten die meisten Teile von Mercedes und die Rundinstrumente von Porsche, aber die Lenksäule führte zwischen den Füßen entlang; er besaß Scherentüren, deren Scharniere unter dem Windabweiser platziert waren; statt Dach gab es für Regenfahrten eine Persenning, welche die Insassen während der Fahrt aufbauen konnten – für die Köpfe samt Helme gibt es extra Aussparungen. Das sich auf der Abdeckung sammelnde Wasser wurde zu einem Loch geführt, an das ein Schlauch angedockt werden musste, der als Ablauf durch den Wagenboden führte. Insgesamt war das alles dann doch zu speziell, um eine große Serie aus dem Isdera Spyder 036i zu machen: Nur 14 Kult-Spyder entstanden.

ISDERA SPYDER 036I	
Bauzeit:	1989
Motor:	Reihensechszylinder
Hubraum:	3000 cm³
Leistung:	188 PS
Antrieb:	Hinterräder
Gewicht:	970 kg
V_{max}:	242 km/h

JAGUAR XJ40

Schon 1980 machte sich Jaguar Gedanken, wie und wann der aktuelle XJ6 abgelöst werden könnte. Man dachte daran, die vierte Generation zu verkleinern. Die Antwort auf die Frage allerdings gaben die Kunden: Ersatz nur durch einen echten Jaguar XJ6. Also entwickelten die Ingenieure die flache und schöne Limousine weiter unter dem internen Code XJ40 (weil er mit einem Vierliter-Motor geplant war, der erst später kam) mit der Maßgabe, möglichst kaum etwas von der Form und vom Stil in Sachen Holz und Leder zu ändern. Auch der Radstand blieb mit 2865 Millimetern unverändert, das Auto wuchs jedoch um drei Zentimeter in der Länge und in der Breite. Die Form wurde etwas gestrafft, die Motorhaube besaß nun keine Höcker mehr über den Scheinwerfern, die beim Sovereign und beim Daimler 3.6 sogar rechteckig statt rund gerieten. Besaßen die Vorgänger noch zwei Tanks und damit zwei Einfüllstutzen auf den hinteren Kotflügeln, verschoben die Ingenieure den Tank jetzt auf die Hinterachse, womit nur noch ein Loch für den Tankrüssel nötig war. Neben dem 3,6-Liter-Sechszylinder mit 184 PS (ohne Kat: 224 PS) gab es nun auch eine 2,9-Liter-Version, die 165 PS leistete (nicht für Deutschland). 1993 und 1994 wurde er auch mit V12 verkauft. Zur Wahl standen ein ZF-Viergangautomatik, ein Dreistufenautomat von Borg-Warner und eine Fünfgang-Handschaltung von Getrag. In Sachen Qualität hatten die Briten dazu gelernt: Der XJ40 geriet wesentlich steifer als seine Vorgänger, glänzte mit einer Multiplexverkabelung, die Bleche waren zinkbeschichtet – nur das neue Armaturenbrett mit Analog- und Digitalanzeigen fand nicht jeder schick, auch wenn es dem Zeitgeist entsprach. Und so richtig zuverlässig wurde er auch erst ab 1990. Na und? Ein tolles Auto ...

JAGUAR XJ40	
Bauzeit:	1986 – 1994
Motor:	Reihensechszylinder, V12
Hubraum:	2919 – 5993 cm³
Leistung:	165 – 311 PS
Antrieb:	Hinterräder
Gewicht:	1729 – 1770 kg
Vmax:	193 – 245 km/h

JEEP WRANGLER YJ

Der Jeep Wrangler ist ein gutes Beispiel, dass Kult nicht unbedingt etwas mit kultiviert zu tun haben muss. Als er 1987 den CJ-7 ablöste, fanden zwar nicht alle Fans die eckigen Frontscheinwerfer angemessen, aber als sie unter den Wagen schauten, waren sie dann doch zufrieden: Blattfedern vorne und hinten hielten sie für genug Ernsthaftigkeit von Jeep, das Auto für schwerste Geländeeinsätze vorbereitet zu haben – auch wenn die Bodenfreiheit etwas gelitten hatte. Dicke Motoren wurden nicht mehr angeboten, man hatte nur die Wahl zwischen einem 2,5-Liter-Vierzylinder oder einem 4,2-Liter-Sechszylinder – beide kamen bis 1991 sogar noch mit Vergaser daher. Im Jahr 1991 folgte dem 4,2-Liter-Motor ein Sechszylinder mit 4,0 Liter Hubraum, der es dank Einspritzanlage auf 184 PS brachte. Die Karosserie glich sehr dem Vorgänger, zum Glück blieb die Möglichkeit des völligen Offenfahrens ebenso erhalten. Mehr als 630.000 Stück wurden bis 1995 verkauft. Vielleicht profitierte der Wrangler ja noch ein bisschen vom sagenhaften Ruf des Ur-Jeep – aber eigentlich hatte er genug eigene Gene, um zur Legende zu werden.

JEEP WRANGLER YJ	
Bauzeit:	1987 – 1995
Motor:	Vierzylinder, Reihensechszylinder
Hubraum:	2464 – 4235 cm³
Leistung:	114 – 184 PS
Antrieb:	Allrad
Gewicht:	1480 kg
V_{max}:	130 – 145 km/h

LAMBORGHINI LM002

Den ersten Offroad-Lambo der Geschichte kann man als kurioses Zufallsprodukt bezeichnen, Kult ist er aber allemal: 1977 entstand bei Lamborghini ein Prototyp namens Cheetah mit Chrysler-V8, nachdem eine US-Firma die Italiener beauftragt hatte, sich Gedanken um ein geländegängiges Militärfahrzeug zu machen. Lambo verlor die Ausschreibung gegen den späteren „Hummer" – aber Lambo-Eigner Patrick Mimran wollte das Projekt nicht völlig aufgeben und schielte auf zahlungskräftige Kunden im Mittleren Osten. So stand der erste LM002 im Jahr 1982 als Über-Pickup auf dem Genfer Salon: Er besaß den V12 des Countach und eine martialisch aussehende Karosserie. Die Welt schüttelte den Kopf über die Möglichkeit, 2,7 Tonnen Auto auf 220 km/h beschleunigen zu können, und *auto motor und sport* sprach sogar von „barbarisch gestalteter Wüstenlimousine". Immerhin war sie sehr geländegängig, schluckte dabei aber auch zwischen 22 und 42 Litern Sprit – je nach Hügelhöhe. Obwohl der LM002 zu seiner Zeit der schnellste Geländewagen der Welt war, wollten ihn nur 301 Kunden haben.

LAMBORGHINI LM002	
Bauzeit:	1986 – 1993
Motor:	V12
Hubraum:	5167 cm³
Leistung:	455 PS
Antrieb:	Allrad
Gewicht:	2700 kg
V_{max}:	223 km/h

LANCIA DELTA

Als der Lancia Delta 1980 zum „Auto des Jahres“ gewählt wurde, konnte noch niemand aus der Fachjury ahnen, was das Auto für eine Karriere hinlegen würde – besonders in Sachen Motorsport. Gedacht war der Lancia, der aus Kostengründen auf der Plattform des Fiat Ritmo entstand, zunächst nur als Kompaktmodell zur Konkurrenz von VW Golf und Co. Giorgetto Giugiaro, der auch für das Design des Golf verantwortlich war, gestaltete den Delta eckiger, aber auch etwas feinsinniger und filigraner als bei seiner Arbeit für die Deutschen. Sowohl die Agilität als auch der stilvolle Luxus – eine seltene Mischung bei dieser Art von Auto – kam bei den Kunden gut an. Das Top-Modell präsentierte Lancia erst 1986: Der Delta HF Integrale besaß Allradantrieb, Garrett-Turbolader und Weber-Einspritzung, und mit 185 PS mutierte er zum echten Sportwagen. Was dann auch gewagt wurde: Als S4 startete der Delta in der heftigsten Rallye-Gruppe „B“ und schließlich jagte er dank Kombination von Turbolader und Kompressor mit mehr als 650 PS über diverse Rennstrecken dieser Welt. Hammer!

LANCIA DELTA	
Bauzeit:	1979 – 1994
Motor:	Vierzylinder
Hubraum:	1301 – 1995 cm^3
Leistung:	75 – 185 PS
Antrieb:	Vorderräder, Allrad
Gewicht:	955 – 1435 kg
V_{max}:	155 – 215 km/h

LANCIA Y10

Wenn es heute überhaupt Lifestyle-Kleinwagen gibt, dann war der Lancia Y10 ihr Vorreiter. Das begann damit, dass der Projektcode gleich zum Modellnamen wurde und der Lancia nur in Italien nicht Lancia heißen durfte, sondern als Autobianchi vermarktet wurde – vielleicht wollte die Firmenleitung damit verdeutlichen, dass er der Nachfolger des Autobianchi A112 sein sollte. Stilbildend war die steil stehende Heckklappe, deren Blech grundsätzlich in schwarz lackiert war. Ebenso charakteristisch war der recht hohe Preis – eben eines Lancia würdig, auch wenn die Bodenplatte des facegelifteten Fiat-Panda unter dem schicken Äußeren steckte. Die Vierzylindermotoren gehörten zur FIRE-Reihe, was bedeutete, dass Roboter alle 273 Teile je Aggregat zusammengebaut hatten. Trotz einem schwierigen Qualitätsstandard wurden von der ersten Serie bis 1989 knapp 670.000 Stück verkauft, von der zweiten Generation bis 1996 fast 950.000 Exemplare.

LANCIA Y10	
Bauzeit:	1985 – 1996
Motor:	Vierzylinder
Hubraum:	999 cm^3, 1049 cm^3
Leistung:	45 – 85 PS
Antrieb:	Vorderräder
Gewicht:	760 – 850 kg
V_{max}:	145 – 180 km/h

LANCIA THEMA 8.32

Der Lancia Thema an sich ist keine großen Worte wert – er entstand als Kooperation zwischen Fiat und Saab und hieß leicht verändert auch Saab 9000, Fiat Croma und Alfa 164. Aber immerhin galt der Thema als edelste italienische Limousine. Legendär wurde allerdings das Top-Modell, der 8.32: Fiat-Chef Vittorio Ghidella war Mitte der 80er Jahre aufgrund des Verkaufserfolges des Fiat Uno gut gelaunt und erlaubte Lancia generös, sich mal etwas zu leisten. Die Fiat-Tochter ließ sich das nicht zwei Mal sagen und pflanzte den V8 aus dem Ferrari V8 Quattrovalvole quer in den Bug des Thema – eine noch größere Maschine passte leider nicht hinein. Statt durch Stil brechende Spoiler, Kotflügelverbreiterungen und ähnliche Extremitäten für Extrovertierte auf dieses Goldstück hinzuweisen, gab sich Lancia mit etwas breiteren Rädern, etwas mehr Chrom, ein paar Zierstreifen und einem dezenten Hinweis „Lancia by Ferrari" auf dem Motorblock zufrieden. Um unter anderem die Vorderachse nicht überzustrapazieren, gab der Motor im Lancia nur 215 PS ab, mit Kat-Nachrüstung waren es noch einmal zehn PS weniger. Das konnte auch edles Leder innen und feinstes Wurzelholz nicht kaschieren. Letztlich wurden nicht mehr als knapp 4000 Lancia Thema 8.32 gebaut. Aber sie bleiben ein ganz besonderes automobiles Ausrufezeichen.

LANCIA THEMA 8.32	
Bauzeit:	1986 – 1992
Motor:	V8
Hubraum:	2927 cm³
Leistung:	205 PS, 215 PS
Antrieb:	Vorderräder
Gewicht:	1400 kg
V_{max}:	237 km/h

LOTUS ESPRIT TURBO

Ach, Lotus ... Für viele ist es eine Hassliebe, die sie mit den Straßenautos der britischen Sportwagenfirma in den 1980ern verbindet. Tolle Autos, fremde Technik. Irres Design, schlimmes Finish. Sagenhaft leicht, schwer unter Druck. Und dennoch sind alle froh über Ikonen wie den Esprit. Den stärkte Chapman aufgrund von Kundenwünschen im Jahr 1980 und spendierte ihm einen Turbolader. Nun hatte Lotus tatsächlich so etwas wie ein Supercar im Portfolio – 200 PS und 235 km/h Spitze waren Anfang der 80er Jahre sehr beachtlich, hinzu kamen ein feuerverzinktes Chassis und eine Kunststoffkarosserie. Der Lader kam von Garrett, das Getriebe stammte aus dem Citroën SM. Die Karosserie aus Kunststoff blieb in der Hauptsache so, wie sie einst Giorgetto Giugiaro formte. Durchaus verkaufsfördernd war, dass der Esprit Turbo 1981 eine große Rolle im James Bond-Film „In tödlicher Mission“ bekam. Daraufhin wurden im folgenden Jahr immerhin 208 Stück verkauft; 1981 waren es nur 116. Im Jahr 1983 wurde das Auto USA-fertig gemacht und über dem Teich für rund 48.000 Dollar angeboten – der Preis lag immerhin um rund 20 Prozent unter dem eines Ferrari 308. Aber so gern sich Lotus mit Ferrari verglich und den Motor Stück für Stück leicht modifizierte, so wenig stimmig war das gesamte Vorhaben. Die geplante Produktion von jährlich 700 Exemplaren des Esprit Turbo erreichte Lotus somit leider nie.

LOTUS ESPRIT TURBO	
Bauzeit:	1980 – 1987
Motor:	Vierzylinder
Hubraum:	2174 cm^3
Leistung:	210 – 218 PS
Antrieb:	Hinterräder
Gewicht:	1280 – 1389 kg
V_{max}:	240 – 250 km/h

LONDON TAXI FX4

Man muss gar nicht mit dem typischen „London Taxi“ gefahren sein, um ihm Kultcharakter zuzugestehen – dieses Platzwunder war so verdammt britisch wie der Big Ben, die Queen und Shakespeare zusammen. Hauptsächlich hieß es FX4, auch wenn es im Laufe der Zeit von diversen Eigentümern hergestellt wurde. Es entstand schon 1958 als Nachfolger des Austin FX3 in Zusammenarbeit eines Taxihändlers mit dem Stellmacherbetrieb Carbodies. Die Droschke besaß ein eigenes Fahrgestell, die Karosseriesteifigkeit wurde unter anderem durch die Trennwand zwischen Fahrer und Kunden gesichert. Die meisten FX4 ratterten mit Land-Rover-Dieselmotoren durch London und waren schwarz – obwohl es für beides keine Vorschrift gab. 1984 übernahm London Taxi International die Geschäfte. Der Hubraum stieg auf 2,5 Liter, das Passagierabteil bot nun fünf statt vier Gästen Platz. Ab 1989 übernahm der Fairway die Hoheit, ausgerüstet mit von Nissan gelieferten 2,7-Liter-Dieselaggregaten. 1997 war Schluss mit Kult – was natürlich so nicht stimmt: Es war nur Schluss mit dem FX4.

LONDON TAXI FX4	
Bauzeit:	1958 – 1997
Motor:	Vierzylinder
Hubraum:	2495 – 2753 cm³
Leistung:	68 – ca. 100 PS
Antrieb:	Hinterräder
Gewicht:	k. A.
Vmax:	k. A.

MASERATI MERAK SS

Dass man einen Baukasten nicht endlos ausreizen darf, musste Maserati mit dem Merak SS erfahren. Um den Kunden neben einigen teuren Modellen auch ein halbwegs bezahlbares Auto anbieten zu können, ersetzten die Italiener den V8 durch einen V6, steckten ihn in eine nahezu unveränderte Bora-Karosserie, bestückten das Vehikel mit Citroën-Zutaten und nannten das Teilekonvolut Merak, nach dem Stern Merak im Sternbild des Großen Bären. Sie verstehen den Zusammenhang nicht? Da geht es Ihnen wie vielen anderen ...

Leistete der Zweiliter-Motor zunächst 190 PS, waren es ab 1974 dank Dreiliter-V6 220 PS und es kam das Kürzel SS hinzu. Zuverlässigkeit, Durchzugs-

kraft und Laufkultur blieben aber hinter den Erwartungen zurück, und der Merak (SS) wurde nicht der Schlager, den sich die Italiener erhofften. Immerhin 1800 Stück fanden Abnehmer. So viel Chuzpe verdient die Auszeichnung „Kult“ ...

MASERATI MERAK SS	
Bauzeit:	1972 – 1983
Motor:	V6
Hubraum:	2000 cm³, 2965 cm³
Leistung:	190 – 220 PS
Antrieb:	Hinterräder
Gewicht:	1350 – 1400 kg
V_{max}:	220 – 250 km/h

MASERATI BITURBO

Nachdem der gebürtige Argentinier Alejandro De Tomaso Maserati übernommen hatte, wollte er einen kostengünstigen Maserati auf die Räder stellen, der ihn als Serienhersteller etablierte. Das bedeutete aber auch: billiger hergestellt mit relativ kleinem Motor, weil der in Italien deutlich geringer besteuert wurde. So stellte er 1981 den Maserati Biturbo vor, der anfangs nur mit zwei Türen zu haben war. Verantwortlich für das Design war der Pininfarina-Vertraute Pierangelo Andreani. Wie der Modellname schon vermuten lässt, wurde der V6 von zwei Abgasturboladern beatmet, ab 1986 gab es eine elektronische Benzineinspritzung. Leider schickte De Tomaso die ersten Exemplare – genauer: etwa bis zum Baujahr 1986 – verfrüht ins Kundenzufriedenheitsgefecht. Weder Verarbeitung noch Zuverlässigkeit entsprachen dem Anspruch der Käufer. Der britische Motorjournalist Giles Chapman hielt den Biturbo sogar für eines der „schlechtesten Autos, die je verkauft worden sind.“ Die komplexe Technik des Wagens überforderte Werkstätten und erst recht private Schrauber. Aber: Erstens rettete De Tomaso mit dem Biturbo Maserati vor der Vergessenheit und zweitens wäre Maserati ohne Biturbo heute ungefähr wie Italien ohne De Tomaso. Oder?

MASERATI BITURBO	
Bauzeit:	1981 – 1987
Motor:	V6
Hubraum:	1995 cm³, 2491 cm³
Leistung:	180 – 220 PS
Antrieb:	Hinterräder
Gewicht:	1086 kg
Vmax:	205 – 230 km/h

MATRA MURENA

Dem Nachfolger des Matra Bagheera mit Namen Murena war kein langes Leben vergönnt, was an Renault lag. Erstens favorisierte der französische Mutterkonzern den Renault Alpine als sportliches Auto aus dem eigenen und damit viel näher liegenden Dunstkreis, zweitens musste Kleinserienhersteller Matra ab 1984 den Renault Espace bauen und hatte deswegen keine Reserven für den Murena übrig. Was schade war, denn der Murena war ein wirklich nettes Mittelmotor-Sportcoupé mit drei Sitzen nebeneinander, einer voll verzinkten Bodengruppe und einer Kunststoffkarosserie. Zunächst gab es den 1600-cm^3-Motor aus dem Simca 1600 und den zu Recht völlig vergessenen Modellen Talbot Solara und Talbot Tagora. Später kamen Modelle mit 2,2-Liter-Vierzylinder mit bis zu 142 PS hinzu. Es gab nur eine Fünfgang-Handschaltung, nach der sich heute Schaltwippen-Überdrüssige alle zehn Finger lecken würden. Nur gut 10.600 Murena durften letztlich auf die Straße, dann war Schluss. Möge er im Kult ruhen und den einen oder anderen Fan haben, der sich seiner noch heute annimmt …

MATRA MURENA	
Bauzeit:	1980 – 1984
Motor:	Vierzylinder
Hubraum:	1592 cm^3, 2155 cm^3
Leistung:	92 – 142 PS
Antrieb:	Hinterräder
Gewicht:	961 – 1050 kg
V_{max}:	180 km/h, 210 km/h

MAZDA MX-5

Es ist mir ein besonders Ansinnen, den Mazda MX-5 mit in die Liste der Kultautos der 80er Jahre aufzunehmen. Denn tatsächlich hatte allein Mazda den Mut, die grauenvolle Roadster-Leere nach dem MGB durch die herrliche Roadster-Lehre des MX-5 zu ersetzen – angestoßen durch den amerikanischen Motorjournalisten Bob Hall, der einst mit Mazda-Entwicklungschef Kenichi Yamamoto palaverte und ihm den Bau eines solchen Autos schmackhaft machte, indem er einen ersten Entwurf auf eine Tafel skizzierte. Die Japaner studierten danach genau, was ein Roadster alter (englischer) Schule haben musste, orientierten sich an MG, an Lotus, an Triumph und bauten ihn genau so: klein, leicht, mit einem einfachen Softtop, das man mit einer Hand vom Sitz aus bedienen konnte, zuverlässig, mit Hinterradantrieb und einer knackigen Handschaltung. Und dann auch noch langlebig. Zunächst war nur ein Vierzylinder mit 115 PS im Angebot, das Gesamtpaket kostete in Deutschland 35.500 Mark. Später kamen eine 90-PS- und eine 131-PS-Variante hinzu. Dass es ihn anfangs nur in blau, rot und weiß gab, störte niemanden. Letztlich sollte der MX-5 – intern in der ersten Generation „NA“ genannt – der meistverkaufte Roadster aller Zeiten werden.

MAZDA MX-5	
Bauzeit:	1989 – 1998
Motor:	Vierzylinder
Hubraum:	1598 – 1840 cm³
Leistung:	90 – 131 PS
Antrieb:	Hinterräder
Gewicht:	955 – 1155 kg
Vmax:	175 – 198 km/h

MERCEDES-BENZ 190 E 2.5-16 EVO I

Eigentlich wollte Mercedes mit einer sportlichen Version des „Baby-Benz" in den frühen 80er Jahren bei Rallyes mitmischen, aber nach Tests entschied sich der Vorstand, den mit Cosworths Hilfe getunten 190 E als 2.3-16 (2,3-Liter-Vierzylinder, 16 Ventile) im Tourenwagenmotorsport einzusetzen. Dazu wurde der Motor auf 2,5 Liter aufgebohrt und es mussten 500 Exemplare einer Evolutionsvariante hergestellt werden – und man sollte noch heute vor diesem Reglement auf die Knie sinken, denn es bescherte uns eines der aufregendsten Autos, das Ende der 80er Jahre auf die Straßen durfte. Und es war nicht nur die aggressive Optik mit Spoiler, Heckflügel, Kotflügelverbreiterungen und ausladenden Schwellern, die am sonst biederen kleinen Benz begeisterte, sondern vor allem Kraftentfaltung, Fahrverhalten und Fahrspaß. 195 PS reichten manchen Kunden nicht, sie orderten das optionale Power-Pack mit weiteren

30 PS. Auch die Bremsen waren großzügig dimensioniert, und Mercedes verkaufte locker alle 502 gebauten Exemplare – für gut 87.000 Mark pro Stück. 1990 folgte der Evo II mit noch monströserem Flügelwerk, ebenfalls in 502 Exemplaren mit 235 PS für 115.260 Mark. Mit diesem Modell als Rennwagen erreichte Mercedes 1992 endlich das lang ersehnte Ziel: der Titelgewinn in der Deutschen Tourenwagenmeisterschaft (DTM).

MERCEDES-BENZ 190 E 2.5-16 EVO I	
Bauzeit:	1989
Motor:	Vierzylinder
Hubraum:	2463 cm^3
Leistung:	195 PS, 225 PS
Antrieb:	Hinterräder
Gewicht:	1420 kg
V_{max}:	230 km/h, 235 km/h

MERCEDES-BENZ G

Obwohl die G-Klasse (G für Geländewagen) von Mercedes wesentlich später auf den Markt kam als die Platzhirsche Land Rover, Jeep und Toyota Land Cruiser, erlangte der Alleskönner aus Stuttgart ebensolchen Kultcharakter. Das lag hauptsächlich daran, dass er absolut nichts schlechter machte: Voll geländetauglich und standfest wie er war, orderte selbst die Bundeswehr mehr als 10.000 Exemplare der sehr deutschen G-Klasse – obwohl sie in Österreich, Schweiz und Osteuropa „Puch" hieß, weil sie von Steyr-Daimler-Puch in Graz gebaut wurde. Aufgrund der Karosserievielfalt (langer und kurzer Radstand, geschlossen oder als Cabrio, als Kombi oder Kastenwagen, in der langen Version sogar mit vier gegenüberliegenden Sitzen) war die G-Klasse überall einsetzbar. Der zuschaltbare Allradantrieb, die Geländeuntersetzung, gute Böschungswinkel sowie eine Bodenfreiheit von bis zu 21,5 Zentimetern ließen sie durch und über Dick sowie Dünn kraxeln, dank der vielen Kombinationsmöglichkeiten mit zuverlässigen Motoren aus dem Pkw-Programm von Mercedes (bis hin zum Dreiliter-Diesel) fand jeder Interessierte das für ihn am besten passende Modell. Da störten auch die recht hohen Preise nicht – Qualität war eben auch schon damals nicht auf dem Grabbeltisch zu haben …

MERCEDES-BENZ G	
Bauzeit:	1979 – 1989
Motor:	Vierzylinder, Reihenfünfzylinder, Reihensechszylinder
Hubraum:	2299 – 2998 cm³
Leistung:	72 – 156 PS
Antrieb:	Allrad
Gewicht:	1695 – 1950 kg
V_{max}:	115 – 150 km/h

MITSUBISHI PAJERO

Nicht jeder Geländewagen gewinnt mal eben die imageträchtige Marathon-Rallye Paris-Dakar – dem Mitsubishi Pajero gelang das gerade mal drei Jahre nach seinem Erscheinen, nämlich 1985. Zudem hatte Mitsubishi vorher noch nie einen eigenen Offroader gebaut: Ab 1952 wurde der Jeep in Lizenz hergestellt, ab 1978 der Pickup L200, der auch die Basis des Pajero bildete. Der besaß zuschaltbaren Allradantrieb, eine Geländeuntersetzung und gegen Aufpreis auch eine Differenzialsperre. Als „Canvas Top“ konnte man ihn mit kurzem Radstand nach oben öffnen, was auch nicht mehr als die geschlossene Version kostete. Der Pajero war gefällig gestylt, solide, zuverlässig und deutlich günstiger als zum Beispiel die G-Klasse von Mercedes, deshalb gewann er schnell viele Freunde. Anfangs allerdings nicht in spanischsprachigen Ländern. Dort verband man mit „Pajero“ nicht nur eine patagonische Wildkatze, sondern auch ein sehr vulgäres Schimpfwort.

MITSUBISHI PAJERO	
Bauzeit:	1982 – 1990
Motor:	Vierzylinder
Hubraum:	1997 – 2555 cm³
Leistung:	84 – 145 PS
Antrieb:	Allrad
Gewicht:	1510 – 1935 kg
Vmax:	130 – 145 km/h

OPEL ASCONA B

Der erste Opel Ascona, erschienen 1970, war ein durchaus sympathisches Auto der unteren Mittelklasse. Darauf aufbauend schob Opel 1975 mit dem Ascona B die zweite Generation nach, wobei sich die Rüsselsheimer auf keine Experimente einlassen wollten. Der B sah nach wie vor gut aus, auch wenn er etwas Fett angesetzt hatte. Mit 55 PS war die Basisversion standesgemäß, aber nicht übermäßig motorisiert, die Varianten mit mehr Kraft machten auch mehr Spaß. In Zusammenarbeit mit Irmscher fertigte Opel den Ascona i2000, dessen 100-PS-Motor dank Doppelvergaseranlage 120 PS leistete. Den vollen Kultfaktor kann allerdings nur der Opel Ascona 400 einheimsen: Opel baute ab 1979 den 144 PS starken Sportler mit 2.4-Liter-Vierventiler samt Querstrom-Zylinderkopf zu Homologationszwecken. Das Sondermodell besaß ein Fünfganggetriebe von Getrag, die Hinterachse erhielt er vom Rekord und Commodore. Rallye-As Walter Röhrl gewann im 275 PS starken und 1070 Kilo schweren Rallye-Ascona B 1982 dann auch die Rallye-Weltmeisterschaft. Er war der letzte Fahrer, der diese Krone ohne vier angetriebene Räder, sondern noch mit konventionellem Heckantrieb errang.

OPEL ASCONA B	
Bauzeit:	1975 – 1981
Motor:	Vierzylinder
Hubraum:	1196 – 1988 cm³
Leistung:	55 – 144 PS
Antrieb:	Hinterräder
Gewicht:	900 – 1100 kg
Vmax:	138 – 200 km/h

OPEL MANTA B

Opel selbst war nicht ganz unschuldig daran, dass sich das Image des Manta in seiner zweiten Generation nicht gleich besserte. Die Werbekampagne „Ich träumte ..." („... ich wäre in meinem neuen Manta mit Caroline durch Monaco gefahren", „... ich hätte im neuen Opel Manta dem Champion den Grand Prix abgejagt") kam gar nicht gut an – potenzielle Kunden wanden sich peinlich berührt ab. Opel stoppte die Werbung, und der Manta lief. Die Kunden konnten zahme 55 PS ordern oder aber zunächst bis zu sportliche 105 PS im GT/E. 1978 kamen Zweilitermotoren hinzu, derjenige mit 110 PS wurde am meisten verkauft. Als Karosserievariante bot Opel den CC mit großer Heckklappe an, als Homologationsfahrzeug brachten die Rüsselsheimer 1981 den Manta 400 in 245 Exemplaren: In ihm steckte ein 2,4-Liter-Vierzylinder mit 144 PS, in extremen Varianten sogar bis zu 275 PS. Es folgten diverse Facelift-Maßnahmen und neue Motorisierungen, bis der Manta 1988 nach 13 Produktionsjahren und insgesamt mehr als eine Million Stück, davon rund die Hälfte Manta B, eingestellt wurde. So lange wurde sonst kein Opel gebaut. Ein zweifelhaftes Denkmal erhielt der Manta B übrigens nach seinem Ableben im Jahr 1991: Im Film „Manta, Manta" war ein Mattig-Breitbau des Manta B der Star. Mit dem alberten sich die Vollpfosten Bertie, Uschi und Klausi durch den Film, dem laut Lexikon des internationalen Films „überzeugende Einfälle ebenso fehlen wie gedankliche Eigenständigkeit". Das konnte der Manta besser.

OPEL MANTA B	
Bauzeit:	1975 – 1988
Motor:	Vierzylinder
Hubraum:	1196 – 2410 cm³
Leistung:	55 – 144 PS
Antrieb:	Hinterräder
Gewicht:	1000 – 1065 kg
Vmax:	138 – 210 km/h

OPEL ASCONA C

Die dritte Ausgabe des Ascona geriet wie seine Vorgänger: unauffällig, zuverlässig und belastbar, aber nicht gerade mit einem Strauss von Emotionen gesegnet. Zeitgemäß wurde der Ascona C mit Frontantrieb ausgestattet. Neu war auch, dass der erfolgreiche Wagen global angeboten wurde: In England lief er sehr ähnlich als Vauxhall Cavalier, in den USA als Chevrolet Cavalier, in Brasilien als Chevrolet Monza, in Australien als Holden Camira und in Japan als Isuzu Aska. Neu war ebenfalls die Karosserievariante mit einem Schrägheck. Innerhalb seiner Bauzeit von 1981 bis 1988 erfuhr das Modell zwei Facelifts: 1984 gab es unter anderem neue Frontscheinwerfer, neue Sitze, Instrumente aus dem Kadett E, 1986 wurde unter anderem die Innenausstattung aufgewertet. Emotional wurde der Ascona C allerdings erst wirklich als Cabrio-Umbau, der bei Opel bestellt werden konnte. Opel selbst hatte einen Prototyp, entstanden bei der American Sunroof Company, auf der IAA 1981 gezeigt, die Idee aber selbst nicht weiter verfolgt. Die Hauptarbeit übernahm dann die deutsch-englische Firma Hammond & Tiede und Voll KG in Würzburg. Fast 2900 Freiluft-Acsona-C durften letztlich die Straßen bereichern. Auch vom deutschen „Aufschneider“ Horst Keinath kamen ein paar hundert Stück als Keinath C3.

OPEL ASCONA C	
Bauzeit:	1981 – 1988
Motor:	Vierzylinder
Hubraum:	1297 – 1998 cm³
Leistung:	54 – 130 PS
Antrieb:	Vorderräder
Gewicht:	920 – 1090 kg
Vmax:	150 – 193 km/h

OPEL REKORD E

Als letzter Vertreter der alten Mittelklassen-Rekord-Garde ab 1953 kam der Rekord E im Jahr 1977 auf den Markt – nach dem Facelift im Jahr 1982 in E1 und E2 unterteilt. Noch wurden die hinteren Räder, aufgehängt an einer Starrachse, angetrieben. Der Rekord E war insgesamt so unaufregend wie unaufgeregt – die Straßenlage wurde stets als „ordentlich" beschrieben, die Fahrleistungen als „gutbürgerlich", das Erscheinungsbild „angenehm". Letztlich ist das so, als würde man jemanden nur „nett" finden. Das gilt auch für die Motorisierungen: Ab mühsamen 60 PS bis hin zu flotten 110 PS war alles zu haben, was entweder extreme Langeweile oder aber zumindest ein bisschen Spaß vermittelte. In der überarbeiteten Form gab es dann sogar einen Turbodiesel mit 86 PS. Ab 1985 stand ABS in der Aufpreisliste, ein Jahr später die Kat-Version. Kurz: Der letzte Opel Rekord war so durchschnittlich, das selbst einem Journalisten letztlich die Worte fehlen. Wer das schafft, hat das Prädikat „Kult" verdient ...

OPEL REKORD E	
Bauzeit:	1977 – 1986
Motor:	Vierzylinder
Hubraum:	1698 – 2260 cm³
Leistung:	60 – 110 PS
Antrieb:	Hinterräder
Gewicht:	1145 – 1305 kg
V_{max}:	135 – 179 km/h

OPEL KADETT D

Bauzeit:	1979 – 1984
Motor:	Vierzylinder
Hubraum:	1196 – 1796 cm³
Leistung:	54 – 115 PS
Antrieb:	Vorderräder
Gewicht:	815 – 1060 kg
Vmax:	140 – 185 km/h

OPEL KADETT D

Erst fünf Jahre nach Erscheinen des VW Golf stellte Hauptkonkurrent Opel seinen kompakten Kadett um auf Quermotor und Frontantrieb. Auch optisch sah er anders aus als sein Vorgänger: wesentlich kantiger – eben typisch 80er Jahre. Unter der Haube gab es vor allem solide Hausmannskost: Vom 1,2-Liter-Vierzylinder bis zum sportlichen 1,6-Liter-Aggregat hatten die Kunden eine große Auswahl. Sogar ein 54 PS leistender Diesel war im Angebot. In Sachen Karosserie gab es die Schrägheckvariante mit kleiner oder großer Heckklappe sowie mit drei oder fünf Türen, als Kombi mit drei oder fünf Türen und ab 1983 als Lieferwagen ohne hintere Fenster. Der erwartete GTE als Sportversion mit 115 PS kam erst 1983: Mit scharfer Nockenwelle und Zahnriemenantrieb, Bosch-LE-Jetronic und Schubabschaltung, Alufelgen, optimiertem Fahrwerk und innenbelüfteten Scheibenbremsen sowie Recaro-Sitzen begeisterte er die Fans. Der GTE wurde letztlich nur ein gutes Jahr lang und in einer Auflage von etwa 36.000 Stück gebaut – dann klopfte schon der Kadett E an die Tür.

OPEL MONZA

Auch, um etwas gegen das Biedermann-Image zu tun sowie gegen den Ruf, nur populäre Autos zu bauen, präsentierte Opel 1978 den Senator als Sport-Coupé und nannte das Premium-Modell Monza. Die starre Hinterachse war Geschichte, die Sechszylinder-Motoren mit 2,8 und drei Litern Hubraum modern. Der Monza besaß hinten einzeln aufgehängte Räder, Servolenkung serienmäßig, die höherwertigen Fahrzeuge innenbelüftete Scheibenbremsen vorne. Serienmäßig war eine große Heckklappe, die Stoßfänger glänzten mit einem Chromüberzug, die Sitze ließen sich fast zum Doppelbett umbauen. 1983 zogen zum Facelift zwar auch Vierzylindermotoren in den Monza ein, aber das Top-Modell namens Monza GSE erhielt den Dreiliter-Reihensechszylinder mit satten 180 PS. Dazu gab es einen Bordcomputer, ein digitalisiertes VDO-Flüssigkristallinstrumentenbrett, schräg gemusterte Recaro-Sortsitze, Lederlenkrad und Holzimitat. Das Fahrwerk war besonders sportlich abgestimmt, gegen Aufpreis war eine Viergangautomatik zu haben. Auf dem Preisschild standen 43.000 Mark für das nackte Auto – kein Pappenstiel. Wie man weiß, konnte sich Opel letztlich nicht dauerhaft in der Oberklasse etablieren. Eigentlich schade.

OPEL MONZA	
Bauzeit:	1978 – 1986
Motor:	Vierzylinder, Reihensechszylinder
Hubraum:	1979 – 2968 cm³
Leistung:	115 – 180 PS
Antrieb:	Hinterräder
Gewicht:	1375 – 1420 kg
V_{max}:	180 – 200 km/h

OPEL OMEGA

OPEL OMEGA	
Bauzeit:	1986 – 1993
Motor:	Vierzylinder, Reihensechszylinder
Hubraum:	1796 – 2969 cm³
Leistung:	82 – 204 PS
Antrieb:	Hinterräder
Gewicht:	1250 – 1465 kg
V_{max}:	183 – 240 km/h

33 Jahre lang hieß Opels Mittelklasse Rekord, was durchaus für gewisse konservative Ausprägungen bei dem Rüsselsheimer Autobauer sprach. Aber 1986 war endlich Schluss – da kam der Omega. Dass bereits Autos der GM-Oldsmobile-Division von 1979 bis 1984 so hießen, störte die europäische Kundschaft wenig. Der Omega war in jeder Richtung größer als der letzte Rekord und vor allem aerodynamisch ein Vorreiter – kam er doch mit einem Luftwiderstandsbeiwert von nur 0,28 (Rekord: 0,36). Von Anfang an war ein Kombi zu haben, die Kunden konnten zwischen sage und schreibe neun Motoren wählen: Vierzylindermotoren von 82 PS bis 125 PS, zwei Sechszylindertriebwerke mit 150 PS und 218 PS sowie Dieselvarianten (73 PS, als Turbodiesel 100 PS und 150 PS). Das Fünfgang-Schaltgetriebe war komplett neu, wahlweise konnte man auf eine Viergangautomatik zurückgreifen. Die Achsen vorne und hinten waren ebenso neu wie die ABS-Option. 1989 setzte Opel dem Omega die Krone auf und nannte ihn 3000 24V: ein Konkurrenz-Killer mit 204 PS, 240 km/h schnell, den Sprint in 8,4 Sekunden absolvierend, 52.930 Mark teuer. Damit zeigte ein Opel Omega einem Porsche 944 S2 das Hinterteil. Hat da jemand was von konservativ gesagt?

OPEL KADETT (E) GSi

Mitte der 1980er Jahre durfte man wieder Spaß haben beim Autofahren – das betraf sowohl die Kraft in starken Autos als auch die Frischluft in Cabrios. Opel manifestierte die neue Lebensfreude im Top-Modell des Kadett mit dem Beinamen GSi. Anfangs wurde er von 115 PS befeuert, ab 1986 waren es 130 PS. 1987 legten die Rüsselsheimer noch einmal nach und machten aus dem GSi den GSi 16V mit satten 150 PS, die den Kompakten auf 218 km/h katapultierten. Im Motor steckten Delikatessen wie natriumgefüllte Auslassventile, hohl gebohrte Nockenwellen, geschmiedete Kolben, ein Schwing-Saugrohr und die Bosch-Motronic M 2.5. Der Eintonner war sowohl als Limousine als auch – ab 1990 – als Cabrio zu haben. Innen unterschieden sich die GSi von dem Wald-und-Wiesen-Kadett durch Dreispeichen-Lenkrad mit GSi-Emblem, Bordcomputer, elektrische Fensterheber, Sportsitze und LCD-Instrumente. Außen fielen die anders gearteten Kunststoffverkleidungen auf. Diese aerodynamisch gestalteten Hilfsmittel waren nicht nur optischer Natur, sondern sie sorgten tatsächlich dafür, dass der Kadett GSi den niedrigsten Luftwiderstandsbeiwert aller Kompaktwagen aufwies.

OPEL KADETT (E) GSi	
Bauzeit:	1984 – 1991
Motor:	Vierzylinder
Hubraum:	1796 cm³, 1998 cm³
Leistung:	115 PS, 150 PS
Antrieb:	Vorderräder
Gewicht:	1030 kg
Vmax:	203 km/h, 218 km/h

PEUGEOT 205 GTI

Anfang der 1980er Jahre musste sich Peugeot dringend zusammenreißen. 1980 schrieben die Franzosen rote Zahlen – eine Folge des Zusammenschlusses mit Citroën zum PSA-Konzern, der 1976 erfolgt war. Man jagte sich innerhalb des Firmenkonglomerats gegenseitig die Kunden ab, und in Wolfsburg rieb man sich die Hände. Gerade noch rechtzeitig erfand Peugeot den 205, und damit man in Deutschland nicht mehr grinste, hieß das Top-Modell nicht nur GTI, es war auch einer: Das leichte Auto bekam 105 PS aus einem 1,6-Liter-Vierzylinder. 1986 legte Sochaux nach und bestückte den kleinen und leichten agilen Wagen mit einem 1,9-Liter-Vierzylinder, der 128 PS auf die Vorderachse schickte. Damit waren mehr als 200 km/h möglich, was nicht alle Besitzer des Kraftzwerges auch ausprobierten. Getoppt wurden die frankophilen GTI nur noch durch die „Turbo 16"-Versionen, immerhin mehr als 200 Homologationsexemplare der Gruppe-B-Rallye-Boliden für die Straße mit 200 PS und mehr. Die Mittelmotorgeschosse zum Preis von 94.400 Mark (1984) hatten allerdings mit den Serienautos nicht mehr viel gemein.

PEUGEOT 205 GTI	
Bauzeit:	1984 – 1993
Motor:	Vierzylinder
Hubraum:	1580 cm^3, 1905 cm^3
Leistung:	105 – 128 PS
Antrieb:	Vorderräder
Gewicht:	720 – 880 kg
V_{max}:	196 – 202 km/h

PORSCHE 959

Beim Prestigeobjekt Porsche 959 durfte nichts schief gehen. Dabei gab es so viele mögliche Fehlerquellen – zum Beispiel erster Allradantrieb im Serien-Porsche, erstmals ABS und Allradantrieb in Kombination. So schickten die Stuttgarter zwei Prototypen auf eine 2300 Kilometer lange Tour vom schwedischen Arjeplog zum Nordkap und über Finnland zurück – auf 17 Zoll großen Niederquerschnittsreifen. Die beiden Exemplare meisterten die Schneetour problemlos: Der 959 war ein echtes Supercar, geboren aus dem Verlangen von Porsche, in der Rallye-WM mitzumischen. Zwar siegte im Jahr 1986 tatsächlich ein 959 bei der Marathon-Rallye Paris-Dakar (die freilich nicht zum Veranstaltungskalender der Rallye-Weltmeisterschaft gehört), allerdings wurde zum Ende jener Saison seitens der FIA die wilde Gruppe B verboten und damit hatten sich dann auch die WM-Pläne der Zuffenhausener erledigt. Der Wagen besaß (erstmals im Auto) eine Registeraufladung mit zwei parallel geschalteten Turboladern und zwei Ladeluftkühlern, ein Sechsganggetriebe, eine Luftdruckanlage für die Reifen und Magnesium-Gussräder mit Zen-

tralverschluss. Die Karosserie bestand aus Aluminium, aramidfaserverstärktem Kunststoff und Polyurethan. Journalisten maßen den Sprint von 0 auf 100 km/h in 3,7 Sekunden und eine Höchstgeschwindigkeit von 317 km/h. Bei seinem Erscheinen war der 959 das schnellste Auto mit Straßenzulassung und kostete unvorstellbare 420.000 Mark. Er war allerdings auch nur speziell ausgesuchten Kunden vorbehalten: Exakt 283 davon durften sich über ein Exemplar freuen, zum Beispiel Tennis-Legende Boris Becker.

PORSCHE 959	
Bauzeit:	1986 – 1988
Motor:	Sechszylinder-Boxer
Hubraum:	2850 cm³
Leistung:	450 PS
Antrieb:	Allrad
Gewicht:	1450 kg
V_{max}:	315 km/h

RENAULT 5 GTE

Was wären die 80er ohne den R5? Der Kult-Franzose aus den Siebzigern erhielt für das neue Jahrzehnt eine optische Überarbeitung, und sportlicher sollte er auch werden: Nachdem zunächst im April 1985 – basierend auf dem Super 5 – das 115 PS (ab 1987: 120 PS) starke Modell GT Turbo auf den Markt kam, folgte im Herbst 1986 die Ausführung GTE. Dessen katloses Triebwerk generierte aus 1,7 Litern Hubraum 97 PS; der Einsatz des geregelten Katalysators kostete den Saugmotor 3 PS.

Zwar konnte der GTE leistungsmäßig mit seinem starken Bruder nicht mithalten, aber der galt mit 201 km/h ja damals auch nicht ganz zu Unrecht als der schnellste jemals gebaute Serienkleinwagen. Dafür durfte der GTE-Fahrer sich über einen deutlich geringeren Benzinverbrauch bei zügiger Fahrt freuen und musste sich auch nicht mit thermischen Problemen rumschlagen, wie die Besitzer der Turbo-Version. Das Erscheinen des Clio 16V im August 1991 bedeutete das Produktionsende für den R5 GTE.

RENAULT 5 GTE	
Bauzeit:	1986 – 1990
Motor:	Vierzylinder
Hubraum:	1721 cm³
Leistung:	97 PS
Antrieb:	Vorderräder
Gewicht:	834 kg
Vmax:	182 km/h

RENAULT 5 TURBO

Okay, er sah ein bisschen aus wie ein R5 – das war es aber auch schon mit der Verwandtschaft zum erfolgreichen französischen Kleinwagen. Denn der R5 Turbo war ein reinrassiger Sportwagen, geboren aus Homologationsgründen für Rennwagen: Der Motor saß nicht unter der Fronthaube, sondern vor der Hinterachse; die Hinterräder waren angetrieben; der 1,4-Liter-Vierzylinder wurde von einem Turbolader zwangsbeatmet; die Kotflügel waren mächtig ausgestellt, damit die groß dimensionierten Reifen in die Radhäuser passten; das Fahrwerk wurde aufgerüstet mit oberen und unteren Dreiecksquerlenkern und Schraubenfedern für jedes Rad; belüftete Scheibenbremsen rundum vernichteten die Energie; nur zwei Personen fanden Platz; das Fünfganggetriebe stammte aus dem R30 TX; und so weiter und so weiter. Der R5 Turbo sprintete in 6,9 Sekunden von 0 auf 100 km/h, der geübte Pilot behielt dabei im besten Fall neun Rundinstrumente im Blick. Von 1980 bis 1982 wurde die Ur-Version gebaut, zu jener Zeit trat Renault in der Gruppe 4 der Rallye-Weltmeisterschaft an. Danach fuhren die Franzosen in der Gruppe B (drei Rennsiege), deswegen legten sie den Turbo 2 (siehe Abbildung) als Homologationsauto auf. 1986 war Schluss mit „Zwerg Rase" – ein ganz großer Kleiner!

RENAULT 5 TURBO	
Bauzeit:	1980 – 1986
Motor:	Vierzylinder
Hubraum:	1397 cm³
Leistung:	160 PS
Antrieb:	Hinterräder
Gewicht:	970 kg
V_{max}:	205 km/h

RENAULT ESPACE

Nein, einfach hatte es der erste europäische Van nicht, bis seine Vorzüge von allen erkannt wurden. Er entstand beim Kleinserienhersteller Matra, nachdem dessen technischer Leiter die Idee aus den USA mitbrachte und das Konzept PSA vorgestellt hatte – doch Peugeot und Citroën sagten ab. 1982 probierte Matra es bei Renault. Mit Erfolg: Renault lieferte die Teile, Matra montierte. Der Autotypus war revolutionär: Platz für sieben Personen plus Gepäck bei einer Gesamtlänge von nur 4,25 Metern, futuristisches Design, die Motorhaube von innen nicht zu sehen, die Karosserie aus Kunststoff und der Rahmen feuerverzinkt, gleich zwei Schiebedächer optional, das Sitzkonzept mit zu Tischen umklappbaren Lehnen und einem Stauraum von bis zu 1,95 Metern Länge und 1,20 Metern Breite. Das Fahrverhalten war trotzdem immer noch Pkw-ähnlich. Das schien zunächst zu starker Tobak für die potenzielle Kundschaft zu sein – der „Highway-Jet“, wie ihn Renault bewarb, blieb stehen. Aber weil bekanntlich gut Ding ja Weile haben will, kam das Raumwunder doch noch ins Rollen. 1988 gab es ein erstes Facelift und sogar Allradantrieb. Es folgten weitere Generationen und eine Menge Konkurrenten – doch der Ur-Espace hat sich seinen Platz in den Geschichtsbüchern verdient.

RENAULT ESPACE	
Bauzeit:	1984 – 1991
Motor:	Vierzylinder
Hubraum:	1995 – 2165 cm³
Leistung:	88 – 120 PS
Antrieb:	Vorderräder, Allrad
Gewicht:	1190 – 1408 kg
V_{max}:	160 – 177 km/h

ROVER SD1

Klar, dass der letzte echte Rover hier genannt werden muss – Rover gehörte wohl stets zu den meistunterschätzten englischen Marken. Der Rover mit dem internen Kürzel SD1 („Special Division No. 1", das waren zusammengefasst Rover und Triumph im Leyland-Konzern) kam 1977. Designer David Bache schuf eine große Fließhecklimousine, die den alten Rover-Stil vergessen ließ. Der „Aston Martin für den kleinen Mann" sollte gegen Konkurrenten wie den 5er BMW antreten, aber günstiger sein. Also sparten die Rover-Ingenieure zum Beispiel an der Hinterachse: Im Vorgänger P6 durfte noch eine DeDion-Achse arbeiten, der SD1 bekam eine Starrachse mit Trommelbremsen. Trotzdem wurde der SD1 1977 zum „Auto des Jahres" gewählt, was nicht zuletzt an seinem V8-Motor lag, mit dem der Wagen zunächst ausgeliefert wurde. Der ehemalige Buick-3,5-Liter-Achtzylinder war bereits ein alter Bekannter, der auch schon im P6 zuverlässig seinen Dienst tat. Kurz danach bot Rover zusätzlich zwei Triumph-Reihensechszylinder mit 2,3 und 2,6 Litern Hubraum an sowie ab 1982 sogar einen wenig verkauften Zweiliter-Vierzylinder und 2,4-Liter-Vierzylinder mit Turbolader (hauptsächlich für britische Firmenflottenwagen). Die sportliche Version namens Vitesse brachte Rover 1983 mit Frontspoiler, Leichtmetallrädern und Abrisskante unter der Heckscheibe auf den Markt. Das Fahrwerk geriet straffer, innen waren alle möglichen elektrischen Extras zu haben, dazu Volllederausstattung, Tempomat, Tripcomputer und sogar eine Musikanlage mit vier Lautsprechern. Man saß in Clubsesseln und genoss als Raucher in jeder Tür einen Ascher. Unter der Haube steckte der stärkste SD1-Motor: Der V8 leistete dank erhöhter Verdichtung und Benzineinspritzung 193 PS, was die große Fließhecklimousine bis zu 217 km/h schnell machte. Bei den Nachfolger-Modellen verwässerte Honda-Einfluss dann den ureigenen Rover-Charakter ...

RROVER SD1	
Bauzeit:	1976 – 1987
Motor:	Vierzylinder, Reihensechszylinder, V8
Hubraum:	1994 – 3528 cm³
Leistung:	102 – 193 PS
Antrieb:	Hinterräder
Gewicht:	1270 – 1440 kg
V_{max}:	165 – 217 km/h

SAAB 99 TURBO

Heute sind Turbolader aus Benzinmotoren in der Serien-Mitteklasse kaum mehr wegzudenken – aber wer war Erster damit? Die Schweden. Genauer: Saab. Die hatten mit dem Saab 99 einen außergewöhnlichen Wagen im Portfolio, aber leider keinen passenden, gepfefferten Motor. Was außerdem fehlte war, wie so oft, Geld. Also verkniffen sie sich die Entwicklung eines eigenen Sechszylinders und experimentierten mit einem Turbolader. Schlauerweise entschieden sie sich für ein kleines Exemplar, das den Druck bei höheren Drehzahlen über ein Wastegate ablassen konnte. Das ermöglichte eine Gesamtkonstruktion, die für harmonische Kraftentfaltung und viel Drehmoment sorgte und nicht so viel Sprit verbrauchte wie damals bei Turbomotoren normalerweise üblich. Hinzu kamen ein typischer bulliger Sound und optische Ausrufezeichen wie Spoiler vorne und hinten, breite Reifen sowie eine tiefergelegte Karosserie und Alu-Räder. Die Ladedruckanzeige stand separat auf dem Armaturenbrett – das konnte man gerade noch unter „schwedischem Design“ durchgehen lassen. Bald war jeder dritte verkaufte 99 ein Turbo-Modell. Was allerdings nicht viel hieß – Saab verkaufte insgesamt nur rund 47.000 Exemplare des Typs 99.

SAAB 99 TURBO	
Bauzeit:	1977 – 1982
Motor:	Vierzylinder
Hubraum:	1985 cm³
Leistung:	145 PS
Antrieb:	Vorderräder
Gewicht:	1120 kg
Vmax:	195 km/h

SUBARU XT TURBO

In Deutschland war ein Subaru ein Exot – und der XT Turbo erst recht. Von knapp 100.000 gebauten Exemplaren in sieben Jahren Bauzeit konnten die Japaner bei uns gerade mal gut 1000 Stück an den Mann bringen. Vielleicht lag es an der ungewöhnlichen Hochbeinigkeit des ausgeprägten Keil-Coupés. Oder an dem Vierzylinder-Turbo-Boxer, der in Europa-Modellen ausschließlich 120 PS generierte – was nicht genug Argumente fürs Punkten am Stammtisch lieferte. Oder an der Angst vor der Zukunft – der Motor besaß eine vollelektronische Steuerung, das Fahrwerk wurde elektro-pneumatisch beeinflusst, und bei starkem Bremsen sowie Beschleunigen und bei der Nutzung der Scheibenwischer schaltete der XT Turbo (mit Automatikgetriebe) von Frontantrieb auf Allradantrieb. Oder lag es an der Basis, dem L 1800? Schade, denn eigentlich sprach all das eher für als gegen den eigenwilligen Asiaten, der zudem noch eine futuristische Form mitbrachte inklusive Klappscheinwerfer, Einarmscheibenwischer, Berganfahrhilfe, höhenverstellbarem Lenkrad samt Instrumententräger, vier Scheibenbremsen, einzeln aufgehängte Räder und als Option sogar Digitalinstrumente. Aber manche Autos waren ihrer Zeit schon immer voraus ...

SUBARU XT TURBO	
Bauzeit:	1985 – 1991
Motor:	Vierzylinder-Boxer
Hubraum:	1782 cm³
Leistung:	120 PS
Antrieb:	Allrad
Gewicht:	1140 kg
V_{max}:	195 km/h

SUZUKI SJ

Zugegeben – die Rallye Paris-Dakar wollte man damit nicht absolvieren, aber mit so einer Spaß-Susi konnte man trotzdem weit mehr als nur die Pfütze in Nachbars Garten durchpflügen und die Sonne putzen. Der Suzuki SJ war ein seriöses Spaßmobil mit dem Hang zum Hang. Wie die „Großen" besaß der Kletterzwerg einen stabilen Kastenrahmen, Starrachsen, zuschaltbaren Allradantrieb, eine Geländereduktion und Freilaufnaben vorne. Man konnte ihn mit geschlossenem Aufbau haben, aber auch als Cabrio. Dann war sogar die Frontscheibe klappbar. In Sachen Motor war eher Schonkost im Angebot: Der 500er begann bei lieber nicht diskutierten 28 PS, als 410 kam der SJ bei uns als Einstiegsmodell mit 45 PS und Trommelbremsen auf den Markt. 1984 brachte Suzuki den SJ413, der immerhin 64 PS aufbot, ab 1988 hieß der SJ dann plötzlich Samurai, machte aber deswegen nicht weniger Freude. Übrigens: Ein leicht modifizierter SJ Baujahr 1986 war es, der im Jahr 2007 einen neuen Höhenrekord für Personenkraftwagen aufstellte. In Chile zwangen ihn zwei Abenteurer auf 6688 Meter. Da ein Motor pro 1000 Höhenmeter rund zehn Prozent seiner Leistung verliert, muss der Kritiker annehmen, die Abenteurer hätten mit Schieben nachgeholfen ...

SUZUKI SJ	
Bauzeit:	1981 – 2004
Motor:	Dreizylinder, Vierzylinder
Hubraum:	539 – 1905 cm^3
Leistung:	28 – 64 PS
Antrieb:	Allrad
Gewicht:	1030 – 1200 kg
V_{max}:	100 – 134 km/h

TOYOTA MR2 (1. GENERATION)

Dass Toyota nicht nur Masse konnte, bewiesen die Japaner 1984. Damals stellten sie den MR2 vor („Midship Runabout 2-Seater") – ein supersportliches, kleines Coupé für zwei Personen mit quer eingebautem Mittelmotor. Eine Höhe von 1,25 Metern ließ noch Restkomfort beim Einsteigen, man glitt in Schalensitze, die von einem breiten Mitteltunnel getrennt waren. Klappscheinwerfer sorgten bei den ersten zwei Generationen (bis 1999) für eine flache Front, in der ersten, kantigsten und damit kultigsten Generation werkelte in Europa-Ausführungen ein 1,6-Liter-Motor mit zwei obenliegenden Nockenwellen, 16 Ventilen und Benzineinspritzung, der bis zu 124 PS anbot. Das Fahrwerk war aufwändig, hinten gab es sogar verstellbare Zusatzquerlenker. Alle vier Räder wurden durch Scheiben abgebremst. Ab 1987 gab es den MR2 mit zwei abnehmbaren Dachhälften. Erst 2009 stellte Toyota den Bau nach der dritten Generation ein. Dass heute nicht mehr so viele auf den Straßen zu sehen sind, liegt in Frankreich vielleicht daran, dass MR2 auf französisch „emmer-döh" gesprochen wird, was wie „merdeux" klingt und nicht nur ein gängig gewordener Fluch ist, sondern auch „Rotzlöffel" bedeutet. In England ist beispielsweise ein Grund, dass Bastler besonders in den 2010er Jahren gerne einen MR2 als Basis nahmen, um darauf grauenvolle Ferrari- und Lamborghini-Repliken zu bauen. Es war eben ein richtig gutes Auto ...

TOYOTA MR2 (1. GENERATION)	
Bauzeit:	1984 – 1989
Motor:	Vierzylinder
Hubraum:	1587 cm³
Leistung:	116 PS, 124 PS
Antrieb:	Hinterräder
Gewicht:	960 – 1060 kg
V_{max}:	bis 195 km/h

TRESER

TRESER T1

Walter Tresers Verständnis von Autovergnügen war stets „Fuß vom Gas, Dach auf, frische Luft, Musik". Nach diesem Konzept baute der ehemalige Audi-Rennleiter auch sein erstes vollständig eigenes Auto. Basis war ein Gerippe aus Strangpressprofilen, Treser klebte mittragende Glasfaserteile darauf. Der Pilot saß auf einem doppelten Boden, der mit Polyurethanschaum gefüllt war. Als Mittelmotor war ein 1,8-Liter-Vierzylinder mit 16 Ventilen eingebaut, der 130 PS leistete – auch das handgeschaltete Fünfganggetriebe stammte aus Wolfsburg. Die Achse vorne geriet recht schwer, da viele Teile ebenfalls aus dem Golf stammten und dort den Motor tragen mussten, aber alle Räder waren dafür einzeln aufgehängt. Dennoch machte der Wagen viel Spaß – ein Roadster mit (aufpreispflichtigem) elektrisch betätigtem Hardtop-Klappdach, der immerhin nur 8,7 Sekunden für den Sprint auf 100 km/h benötigte. Leider funktionierte die geplante Finanzierung nicht wirklich, und ein Preis von 65.000 Mark war auch nicht gerade hilfreich, um den keilförmigen Traum auf Rädern länger währen zu lassen als rund ein Jahr. Walter Treser baute 27 Stück, dann musste er aufgeben – hatte aber eindeutig Kult kreiert.

TRESER T1	
Bauzeit:	1987 – 1988
Motor:	Vierzylinder
Hubraum:	1781 cm³
Leistung:	130 PS
Antrieb:	Hinterräder
Gewicht:	1030 kg
V_{max}:	210 km/h

VW T3

Markierte der VW-Bus Anfang der 50er Jahre ganz klar eine Revolution, kann man die dritte Generation ab 1979 immerhin noch als veritablen Aufstand bezeichnen. Der Bus wuchs im Vergleich zu seinen Vorgängern T1 und T2, wurde kantig, erhielt eine Zahnstangenlenkung, die Vorderachse besaß plötzlich Dreieckslenker, ab 1981 gab es erstmals einen Dieselmotor im Heck und als Edelvariante wurde die erste Caravelle Carat (tiefergelegte Karosserie, Leichtmetallfelgen, Breitreifen, Business-Ausstattung, Einzelsitze, Klapptische) eingeführt. 1982 legte VW nach und ersetzte die luftgekühlten Boxermotoren gegen wassergekühlte. Auch die Karosserieformen ließen keine Wünsche offen: Egal ob als Pritsche, Doppelkabine, Kastenwagen, Kombi oder Bus – man konnte alles vom Hausstand bis zu neun Personen problemlos transportieren. Zudem gab es ab Werk einen Rettungswagen, diverse Feuerwehrvarianten und Campingmobile mit Westfalia-Aufbauten. Ab 1984 war auch eine „Synchro“-Variante im Angebot – der Allradler wurde bei Steyr-Daimler-Puch in Graz montiert. Zwar kam der Nachfolger T4 im Jahr 1990 erstmals mit Frontmotor, was man nach Revolution und Aufstand immerhin noch als gelungenen Putsch bezeichnen könnte, aber der T3 wurde bis 2002 noch in Südafrika weiter gebaut. Damit war er insgesamt 23 Jahre in Produktion – fast schon ein Kult-Kult-Auto.

VW T3	
Bauzeit:	1979 – 1992 (2002)
Motor:	Vierzylinder-Boxer, Vierzylinder
Hubraum:	1584 – 2109 cm³
Leistung:	50 – 112 PS
Antrieb:	Hinterräder
Gewicht:	1395 – 1730 kg
Vmax:	110 – 150 km/h

VW SCIROCCO II

Es war Mitte der 70er Jahre gar keine schlechte Idee, dem kommenden Familienauto VW Golf mit dem Scirocco eine Coupé-Variante an die Seite zu stellen. Anfang der 80er Jahre war es Zeit für eine weiterentwickelte Version, die allerdings erneut auf die Golf-I-Basis zurückgriff. Für das Design wurde zwar wieder Giorgetto Giugiaro angefragt, aber diesmal machte das Rennen um die weicheren Linien das eigene Haus. Daraus resultierten nicht nur eine windschnittigere Form und mehr Platz im Innenraum, sondern auch ein Auto, das viel lieber von Kundinnen gekauft wurde als der recht maskulin geratene Vorgänger. Der Einstiegsmotor mit zaghaften 60 PS riss allerdings fast niemanden aus dem Pilotensitz, Spitze waren bei Erscheinen 110 PS im Scirocco GTI. Unter anderem, weil Tuner Oettinger bald mit ähnlich starken Motoren um Kundschaft buhlte, legte VW 1985 nach und baute auf Wunsch einen (ohne Kat) 139 PS starken Sechzehnventiler ein.

Gut 290.000 Stück wurden gebaut, wobei es dem Scirocco II am Ende besonders schwer gemacht wurde: Bereits 1988 kam der Nachfolger namens Corrado, der drei Jahre lang parallel gebaut wurde. Allerdings trat dieses Sport-Coupé in einer ganz anderen Preisliga an.

VW SCIROCCO II	
Bauzeit:	1981 – 1992
Motor:	Vierzylinder
Hubraum:	1272 cm³, 1781 cm³
Leistung:	60 – 139 PS
Antrieb:	Vorderräder
Gewicht:	830 – 960 kg
V_{max}:	156 – 204 km/h

VW POLO II

Der Polo mit der internen Bezeichnung 86C und damit die zweite Polo-Generation bietet drei Gründe, ihn zum Kult zu erheben. Erstens sein Steilheck. Zunächst kam der kleine VW nur in dieser Form, und plötzlich passte auch eine Waschmaschine in so einen Zwerg. Zwar kam im Jahr darauf noch eine Schrägheckvariante und der Stufenheck-Polo namens „Derby", aber das Steilheck war stets mein Favorit. Anfangs gab es Motoren mit 40 bis 60 PS, eine „Formel E"-Sparvariante (!) mit 50 PS arbeitete mit höherer Verdichtung und kam mit Heckabrisskante und Ökonomie-Anzeige. Zweitens präsentierte VW 1985 die Sportversion GT G40, deren 1,3-Liter-Vierzylinder dank G-Lader 115 PS auf die Vorderräder schickte. Damit auch die anderen Faktoren passten, wurde die Karosserie tiefergelegt, die Scheibenbremsen innenbelüftet und die Räder auf 13 Zoll vergrößert. Und der dritte Kult-Grund: Der Polo 86C durfte – auch dank der ab 1990 angebotenen Facelift-Version 86C 2F – fast 14 Jahre lang von den Volkswagen-Bändern rollen. Wenn das kein Erfolg ist ...

VW POLO II	
Bauzeit:	1981 – 1990
Motor:	Vierzylinder
Hubraum:	1043 – 1398 cm³
Leistung:	40 – 115 PS
Antrieb:	Vorderräder
Gewicht:	735 – 830 kg
Vmax:	138 – 196 km/h

VOLVO 480

Bis zum Jahre 1986 konnte niemand behaupten, Volvo sei besonders experimentierfreudig gewesen – außer vielleicht beim P1800. Das änderte sich erst wieder mit dem Volvo 480, dem ersten frontgetriebenen Modell der Schweden. Nicht nur die Antriebsart war für Volvo spektakulär, sondern auch die Coupé-Form mit den Klappscheinwerfern. Die war sowohl in den eigenen Designbüros in Schweden und in den Niederlanden als auch bei Bertone und dem Turiner Designbüro Coggiola entstanden. Für die Technik bemühten die Schweden verschiedene Helfer: Lotus kümmerte sich um die Hinterachse, die Ottomotoren waren in Kooperation mit Renault entstanden, um die Turbosierung des 1,7-Liter-Vierzylinders (der mit etwas Verspätung Ende 1987 kam) kümmerte sich Porsche in Weissach. Weniger als 95 PS waren nicht zu haben, mehr als 122 PS allerdings auch nicht, was aber für den Einlass in den Club der 200er reichte. Innen war Platz für vier Passagiere, da der Fond ebenfalls wie vorne durch eine Mittelkonsole geteilt wurde. Gebaut wurde der 480 in Holland. Ein kultiger Europäer ...

VOLVO 480	
Bauzeit:	1986 – 1995
Motor:	Vierzylinder
Hubraum:	1721 cm³, 1996 cm³
Leistung:	95 – 122 PS
Antrieb:	Vorderräder
Gewicht:	1016 – 1040 kg
V_{max}:	190 – 200 km/h

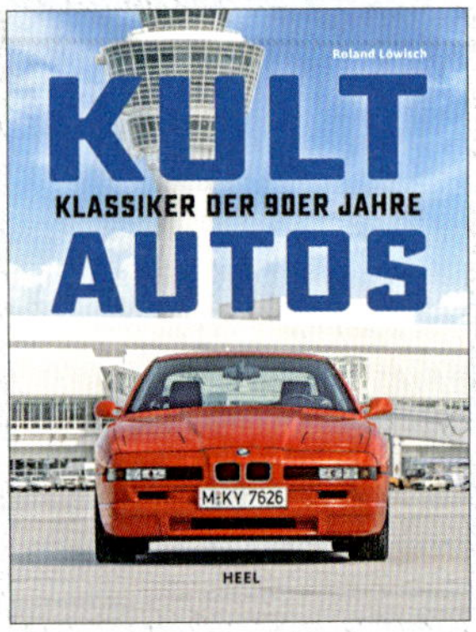

€ (D) 14,99
ISBN 9783966647243

€ (D) 14,99
ISBN 9783958438804

€ (D) 14,99
ISBN 9783966641357

€ (D) 14,99
ISBN 9783958437661

€ (D) 14,99
ISBN 9783958433533

€ (D) 14,99
ISBN 9783966645867

€ (D) 14,99
ISBN 9783868527049

€ (D) 14,99
ISBN 9783868529456

€ (D) 14,99
ISBN 9783958431546

€ (D) 14,99
ISBN 9783966648844

€ (D) 14,99
ISBN 9783958438972

€ (D) 14,99
ISBN 9783868522808

Unser komplettes Programm erhalten Sie in jeder Buchhandlung und unter www.heel-verlag.de

Shell shop
HORNBERGSTRASSE
Scholl Super Creme
11.
schwaben br
SHELL
SHELL
Motor u. Fremdheizung abstellen
Rauchen verboten
S-CL 8495